U0366115

住房和城乡建设部
部署在建住宅工程质量检查
和建筑安全生产隐患排查治理

2009年6月27日上午,上海"莲花河畔景苑"一幢在建的13层住宅楼房楼体倒覆事件引起社会舆论强烈反映,同时也引发一场全国范围内的建筑质量整治风暴。

此前,住房部也定期开展工程质量检查,检查范围包括公共建筑、住宅工程、市政基础设施三大类,而住宅工程则主要是指保障性住房。在住房部今年年初布置的"全国建设工程质量监督执法检查"中也是如此。上海"莲花河畔景苑"楼体倒覆事件改变了这一状况。

住房部于2009年7月1日发出紧急通知,要求全国各地区立即开展在建住宅工程质量检查。7月3日,住房部紧急召开了"全国建筑工程质量安全电视电话会",安排部署在建住宅工程质量检查和建筑安全生产隐患排查治理。

住房部官员透露,这次在建住宅工程质量的检查范围,包括保障性住房和商品住房等各类在建住宅工程,只要是住宅工程,都在检查范围内。这次检查的特点主要是检查工程的实体工程质量情况,也包括检查各方主体的质量行为,这次主要是检查实体工程质量情况,特别是基础和主体结构.检查基础和主体结构的勘察、设计和施工质量。目前主要采取的检查方式先是企业全面自查,地方建设主管部门抽查,住房部还将组织督查相结合的方式。

住房部将派出多个检查组,从2009年8月中旬开始至2009年9月中旬,对全国30个省份进行建设工程质量专项督查。

据悉,检查组将在每个省份抽查6个在建工程,包括3个住宅工程、2个公共建筑工程和1个市政桥梁工程.检查分两批进行.在2009年8月13日~22日的10天内,8个小组将奔赴北方地区的16个省份。而在2009年9月1~10日期间,7个小组将在南方地区的14个省份进行检查。

北京、天津等地被列为第一批接受检查地区,上海地区的检查期限为9月1日至5日。在此次检查工作结束后,结果将向社会通报。

从近期曝光的一系列质量事故不难看出:建筑的质量,问题不一定只是在工地,责任也不只是施工企业的.要根本解决质量问题,还是应该从源头抓起,还要进行全面综合的整治。

住宅建设与人们生命财产息息相关,发现事故苗头就应及时采取措施。

图书在版编目(CIP)数据

建造师 14/《建造师》编委会编. — 北京：
中国建筑工业出版社，2009

ISBN 978-7 - 112 - 11139-8

Ⅰ.建 ... Ⅱ.建 ... Ⅲ.建造师 — 资格考核—
自学参考资料　Ⅳ. TU

中国版本图书馆 CIP 数据核字(2009)第118518号

主　编:李春敏

特邀编辑:杨智慧　魏智成　白　俊

《建造师》编辑部

地址:北京百万庄中国建筑工业出版社

邮编:100037

电话:(010)68339774

传真:(010)68339774

E-mail:jzs_bjb@126.com

　　　68339774@163.com

建造师 14

《建造师》编委会　编

*

中国建筑工业出版社出版、发行(北京西郊百万庄)

各地新华书店、建筑书店经销

北京朗曼新彩图文设计有限公司排版

世界知识印刷厂印刷

*

开本:787x1092毫米　1/16　印张:7½　字数:250千字

2009 年 8 月第一版　2009 年 8 月第一次印刷

定价:**15.00** 元

ISBN 978-7 - 112 - 11139-8
(18376)

录

本社书籍可通过以下联系方法购买：

本社地址:北京西郊百万庄

邮政编码:100037

发行部电话:(010)58934816

传真：(010)68344279

邮购咨询电话:

(010)88369855 或 88369877

《建造师》顾问委员会及编委会

金融危机背景下的 国际工程承包： 风险分析与防范策略

刘　园，李志斌

（国际经贸学院，北京 100024）

摘　要：2007下半年，美国次贷危机爆发，全球建筑行业结束了多年的高速增长，步入"寒冬"，国际工程承包中的风险也表现出了新的特征。本文详细分析金融危机对我国工程承包企业的影响，受金融危机的影响，我国对外工程承包规模将下降，企业面临的汇率风险大幅增加。防范危机，需要企业和社会各界的共同努力。

关键词：金融危机，国际工程承包，风险因素

2008 年下半年全球金融海啸爆发后，迅速从金融市场扩展到实体经济，无论发达国家还是发展中国家，新兴市场国家还是中东产油国，无一幸免，世界经济终止了多年的高速增长，步入衰退。受此影响，全球建筑行业已结束了年增长 4%~6% 的高速发展，据国际权威研究机构 Global Insight 预测，2009 年全球建筑市场的增长率将低于 2%，较 2008 年 3.8% 的增长率明显下滑，创 2002 年以来的新低。北美地区由于直接受到美国经济衰退影响，建筑业市场回落明显，预计 2009 年将出现 9% 的负增长①。

国际承包工程由于其涉及面广、规模大、周期长、竞争激烈等特征，风险度非常高。我国对外承包企业无论在技术实力，还是风险管理水平上，同国际大型承包企业相比都存在较大差距。并且由于项目主要集中在发展中国家，即使这场金融海啸没有发生，国际工程承包也属于高风险行业。随着金融危机向发展中国家蔓延，我国对外承包企业受到的冲击

将进一步加大。有资料显示，许多企业正面临招投标项目减少、新签合同额减少、进行中的项目被叫停、业主支付货款延迟等困难局面。因此，在当前经济形势下，探讨国际工程承包中的风险，分析金融危机对我国对外工程承包影响就显得非常迫切。

一、国际工程承包中的风险因素

1. 风险概念与特征

根据美国项目管理协会 1992 年对工程项目风险的定义，风险是指项目实施过程中，不确定事件对项目目标所产生的累积不利影响。简单地说，风险指由于不确定性而造成的损失。

国际承包工程是一项"高风险事业"。国际工程承包作为一项国际性商务活动，在项目实施过程中，不但涉及工程所在国的政治和经济形势、国际关系、通货膨胀情况、该国有关进出口、资金和劳务的政策及法律规定、外汇管制办法等，而且还可能遇到不同

---

① 商务部网站 http://chinca.mofcom.gov.cn/。

的业主(包括政府部门和私营公司)、不同的技术标准规范、不同的地理气候条件;同时还会受到承包商自身竞争能力、经营水平和施工管理能力的左右;具有涉及专业面广、项目规模大、建设周期长、资金占用多、内容复杂等特点。以上这些因素决定了国际承包工程的高风险特征。

2.风险因素分析

从风险对经济实体的影响来划分,大体上可将风险划分为系统性风险和非系统性风险两类。系统性风险又称市场风险,指的是由于某些因素给市场所有的经济实体(本文特指国际承包商或国际承包工程项目)都带来经济损失的可能性。非系统性风险又称公司特别风险,是指某些因素对单个经济实体(国际承包商或国际承包工程项目)造成经济损失的可能性。国际承包工程的系统性风险主要包括政治风险、经济风险、自然环境风险等。非系统风险主要体现在自身竞争能力、经营水平和施工管理能力的差异。

(1)政治风险

政治风险是指工程所在地政局变动因素对工程承包造成损失的可能性。政治风险是系统性风险中的一种主要风险。主要表现在以下方面:战争、内乱或政权更迭,导致建设项目终止或毁约;政府颁布国有化或没收与征用政策;政府财力枯竭时拒付债务;国际间的制裁与禁运;政府干预等。政治风险具有一定的特殊性,一旦发生往往无法挽救,且后果严重。

我国企业境外施工项目主要分布在发展中国家,政治风险较高。当前多数发展中国家正处在政治、经济转轨期,一旦项目所在国政治体制不稳定或经济政策出现巨大变化,企业对外施工项目就可能遭受损失。

(2)经济风险

经济风险主要指工程建设所在地的经济形势变化造成的工程承包建设风险。经济风险存在于整个项目过程中,影响频率高,交叉作用多见,原因也较为复杂。主要表现为由于通货膨胀引发的价格调整风险;由于利率的波动带来的利率风险;由于外汇管制或外汇汇率波动造成的外汇风险。

经济风险其中最重要的是汇率风险。汇率风险包括汇率波动风险和外汇管制风险。国际承包工程

中,业主通常希望用工程所在国的货币分期支付工程款;国际承包工程的合同期较长、金额大,承包商根据施工进度陆续收到业主的工程款,然后再将其投入到施工中去;在项目实施过程中,常需从其他国家进口机械设备、建筑材料,并支付外国职员的工资,一般用美元支付。对于国际承包商来讲,就需将当地币兑换成美元。如果项目所在国本币对美元或其他外币的汇率波动同投标时承包商预计的汇率相差悬殊,或者项目所在国当局不允许以本币换成可自由兑换货币,或者即使兑换成可自由兑换货币也不允许汇出该国,就可能给承包商造成巨额损失。

(3)自然灾害风险

自然灾害风险是指由于自然灾害因素的不确定性给国际工程建设带来的风险,如地震、台风、水灾、火灾、严寒、酷暑、暴雨、风沙等,这些自然灾害往往突如其来,给施工带来预想不到的困难,而且范围广,损失程度大,属于人力不可抗拒风险。

(4)经营风险

经营风险是指国际工程在招投标和工程建设管理过程中因经营管理所引发的风险。管理风险主要包括以下几个方面:承包商的管理能力不足,没有得力的措施来保证进度、安全和质量的要求;分包商与承包商的关系不融洽,出现分包商违约情况;合同纠纷等。

(5)技术风险

技术风险是指由投标项目中的各类技术问题而引发的风险。如,承包商对工程所在地的地质、气候条件估计不足,如对严寒、酷暑、多雨等特殊环境和其他自然灾害,如洪水、地震、泥石流等风险估计不充分,造成工期拖延或工程费用的增加;由于科技进步,新结构、新材料的使用有可能使承包商的机械设备不能适应工程建设需要而使工程成本增加。此外,提供设计图纸不及时、工程变更、外文翻译差误等也常常给承包商造成损失。

二、金融危机对我国国际工程承包的影响

1.对外工程承包规模将会下降

金融危机爆发前,由于亚洲持续高速发展的经济和这种高速发展对基础设施的迫切需求,亚洲地

区一直是全球最大的国际建筑工程承包市场。鉴于国际原油价格攀升带来的财政收入大幅增加，产油国投资基础设施建设的资金亦大幅增长，使中东市场迅速成为全球增长最为迅猛的市场。2004年起，欧盟东扩带动了东欧和中欧的投资活动，从而也带动了建筑市场兴旺昌盛，2004年后ENR225强国际承包商在欧洲市场的营收增长了29.2%。在世界经济发展的带动下，拉美经济复苏，非洲大陆也出现了连年的高速增长。

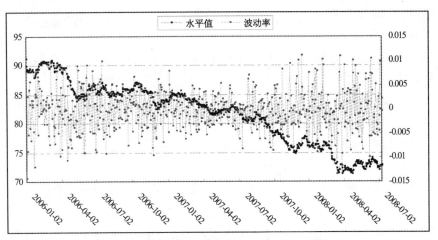

图1　美元指数日走势图(2006/01/02~2008/07/08)
资料来源：RESSET高标准金融研究数据库。

然而，在金融危机的冲击下，美国、欧洲经济陷入衰退，亚洲经济、非洲经济遭到重创，东欧国家在外债规模迅速膨胀中苦苦挣扎，中东产油国石油收入大幅下降，以石油、金属和农产品出口为基础的拉美经济体系同样受到冲击。IMF将亚洲经济增长预期从仅仅两个月前的4.9%大幅削减至2.7%。根据IMF预测，2009年撒哈拉沙漠以南的非洲地区经济增长率将只有3.3%，仅为过去10年来本地区平均经济增长率的一半。拉美地区GDP增长预计将从前两年的5.1%和4.1%降至2009年的3.0%~3.3%①。经济增长速度放慢使得政府税收减少，从而导致政府自有资金建设投资项开支的降低。此外，国际社会关注西方发达国家的金融危机，没有更多的精力和力量顾及发展中国家，世行、亚行、非行投资的招投标项目可能会减少。

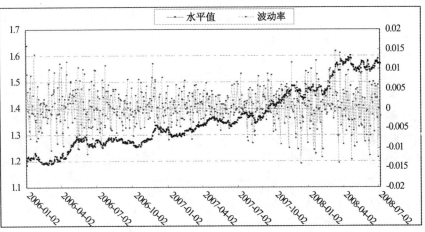

图2　日元对美元汇率走势图(2006/01/02~2008/07/08)
资料来源：RESSET高标准金融研究数据库。

尽管经过多年发展，我国对外工程承包逐渐形成了"亚洲为主、发展非洲、恢复中东、开拓欧美和南太"的全方位市场格局，但亚洲(包括中东产油国)、非洲等传统市场依然是我国对外工程承包的主要市场，两者营业额之和占到了我国企业海外市场营业总额的70%以上，2006年为77%，2007年更是达到80%。随着以上地区经济增长下滑，建设投资下降，我国对外工程承包规模很有可能下降。

2.企业面临的汇率风险增加

如前所述，我国国际承包企业的外汇风险既有所在国当地货币与自由外汇的兑换，也有自由外汇

① 中国对外承包工程商会网站 http://www.chinca.org/index.aspx。

与人民币的兑换, 面临双重甚至多重外汇风险。因此, 无论是人民币升值、外币贬值, 或是汇率的频繁波动, 对我国工程承包企业的影响都将是巨大的。这次金融风暴导致的经济动荡在汇率方面表现十分明显, 可从以下三个方面分析:

首先, 全球金融波动造成外币汇率的剧烈变动。

以美元、欧元和日元为例 (图1~图3), 在样本区间内, 美元指数总体处于下降趋势, 2007年9月以来下降速度加快, 在不到7个月时间内从81.14点 (2007年9月7日) 跌到70.68点 (2008年3月21日), 下降了12.89%。同时, 美元指数波动幅度也在加大,

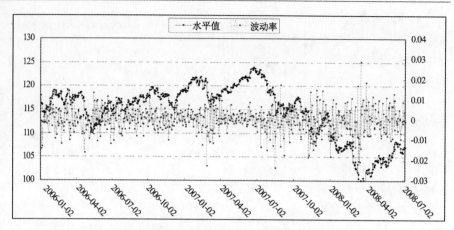

图3　欧元对美元汇率走势图 (2006/01/02~2008/07/08)
资料来源:RESSET高标准金融研究数据库。

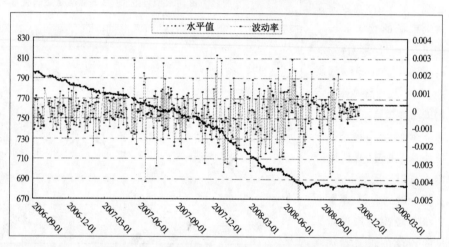

图4　人民币对美元汇率走势图及其波动率 (2006/09/01~2009/03/26)
资料来源:根据国家外汇管理局网站 (http://www.safe.gov.cn) 统计数据整理。

2007年上半年基本在-0.01~0.01的范围内震荡, 9月份以后扩大到-0.015~0.015之间。值得注意的是, 2008年7月以后, 美元一改往日疲态, 在4个月内一路飙升到88.44点, 升值22.5%, 随后又连续4周暴跌至77.68[①]。同弱势美元形成鲜明对比的是, 在样本期内欧元则一路走强, 2007年9月份以后不但升值速度快, 汇率波幅同2007年上半年相比亦显著增加。经过短时间盘整后, 从2008年7月18日开始暴跌, 最低跌至1.233 0 (美元/欧元), 跌幅高达23.1%[②]。对于日元而言, 2007年7月以前, 日元

相对于美元基本处于贬值趋势, 之后进入快速升值通道, 汇率震荡程度亦增加。

其次, 金融危机导致人民币对外币汇率风险加大。

首先看人民币对美元汇率走势, 2005年汇改以后人民币对美元汇率的调整就已成为常态, 从2007年初至2008年6月份, 不但升值速度加快, 汇率波动更加频繁。2008年6月份以后, 人民币对美元汇率开始走平, 2009年以来更是维持在8.30 (人民币/美元) 左右的水平。在作者看来, 这是我国政府出于

---

① 根据中信建投博易大师行情数据计算得出。

② 根据中信建投博易大师行情数据计算得出。

国内经济发展需要对外汇市场干预的结果,鉴于我国汇率体制市场化改革的总趋势不会变,当前人民币对美元汇率相对稳定的状况是暂时的,一旦经济形势好转,人民币必然再次回到升值和波动的轨道(图4)。相对于欧元而言,2008年5月之前人民币基本上处于贬值状态,之后尤其是2008年7月以后,人民币对欧元快速升值;在4个月的时间内,人民币对欧元汇率从10.864 6(人民币/欧元)下降到8.489,人民币升值幅度高达21.9%;随后在8.40~9.80范围内大幅震荡(图5)。金融危机导致人民币汇率风险增加的现象在人民币对日元汇率走势上也有明显体现。2007

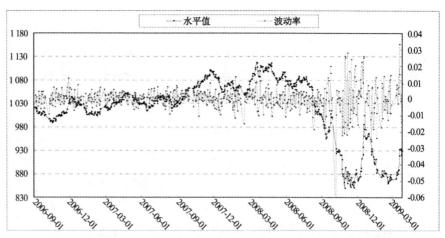

图5　人民币对欧元汇率走势图及其波动率(2006/09/01~2009/03/26)
资料来源:根据国家外汇管理局网站(http://www.safe.gov.cn)统计数据整理。

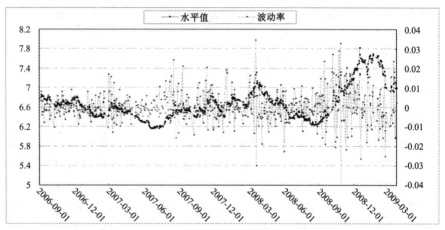

图6　人民币对日元汇率走势图及其波动率(2006/09/01~2009/03/26)
资料来源:根据国家外汇管理局网站(http://www.safe.gov.cn)统计数据整理。

年6月之前,相对于日元,人民币处于弱势。2007年6月~2008年2月间对日元逐渐升值,汇率波动幅度亦显著扩大,2008年3月起再次由升转降,2008年9月人民币对日元重拾升值,不但幅度大速度快,而且汇率震荡幅度比以往任何时候都大(图6)。

此外,我国国际承包工程,特别是大型工程多集中在发展中国家,这些国家金融市场不发达,本币不可自由兑换货币,并在不同程度上实行外汇管制。随着金融危机向发展中国家蔓延,这些国家的储备资产均出现不同程度的下降,有些甚至出现严重的国际收支危机。这意味着这些国家增加外汇管制程度的可能性在增加,也从另一角度增加了我国对外工程承包的外汇风险。

3.其他风险

除了上面两个因素外,金融危机还给我国对外工程承包企业造成以下影响:

首先,对外工程承包政治风险增加。金融危机使许多国家经济明显下滑,政府违约风险加大;导致失业率上升,社会动荡加剧,我国企业承包境外工程可能引起当地就业、资源分配等各种利益冲突,危险提高,在国外执行项目安全成本的投入增加。

再者,由于西方国家经济下滑、内需不足以及国际承包工程市场可能出现的萎缩,国际大型承包商可能会将力量转向第三世界国家,从而加剧这个市场的竞争。有些国家的工程承包市场贸易保护主义开始抬头,进入这些市场的难度加大。

此外,由于业主资金紧张、履约能力下降,工程款支付拖延甚至违约的可能性增加,一旦业主资金链断裂,应收账款收不回来,可能造成企业巨额亏损甚至破产。国际经济的不景气和动荡,使各种原材料价格不稳定,增加了投标报价和项目管理的难度。

三、国际工程承包风险防范原则与策略

(一)基本原则——巩固传统市场,积极开拓新市场

尽管受世界经济衰退的影响,全球建筑业市场下降明显,但仍存在机会。根据 Global Insight 预测①,北美地区由于直接受到美国经济衰退影响,建筑业市场回落明显,预计 2009 年将出现 9% 的负增长。西欧地区情况较北美地区稍强,预计可保持 2008 年业绩水平。受到出口市场低迷的影响,亚洲地区建筑市场也会明显降温,但仍会有所增长;因为国家积聚的外汇储备和财政盈余足够用于减轻经济危机影响,中东和拉丁美洲地区市场将会保持较好的增长预期。近年来增长势头明显的东欧地区虽然受到冲击,增速有所放缓,但仍能保持正增长。2007 年,海湾国家对基础设施发展的投入约 1 750 亿美元,占 GDP 总值的 20% 以上,尽管受到金融危机影响,海湾六国仍将不断加大对基础设施的投资,以满足水、电、交通、住房、卫生保健和教育日益增长的需求②。对外承包企业应根据形势的变化,积极调整思路,巩固亚洲、非洲等传统市场,积极开拓中东、东欧和拉美等新市场。

(二)防范策略

1.企业自身努力

首先,作为市场竞争主体的工程承包企业要提高风险防范意识,加强管理,提高风险防范能力。

(1)提高风险意识,全面防控风险

投标、报价环节要更讲究策略,充分考虑风险系数,准备多手预案;在工程实施环节加强管理,保证项目顺利实施,不能因为工程实施过程中的纰漏影响声誉、成本和利润;对项目支付要有更高的预警,并为索赔工作做好准备。加强对境外项目信息的筛选,风险高、危险大的项目在跟踪、签约、执行时要特别慎重。原计划的对外直接投资要更加谨慎,在财务风险、投资风险和回收环节对项目进行严格审核,充分估计风险。对远期结汇等汇率金融业务也要在新的形势下重新审视。

(2)加强现金流管理,确保资金链安全

加强境外工程执行项目工程款的结算,密切了解客户资信和现金流量状况,制定和实施有效的应收账款催收方案,加快资金回笼速度,确保资金链的安全稳定。要加强企业内部资金的合规有序流动及资金的整合利用,增加内部资金调剂能力,盘活存量资金,降低对外融资需求,控制负债规模,提高集团资金利用效率。

(3)采取措施,加强汇率风险管理

由于近期汇率波动频繁,对外承包企业要特别重视汇率风险的管理,主要措施有:可以在报价中预估一部分费用来弥补汇率风险有可能造成的损失;通过预测计价货币汇率的变动趋势,提前或推迟结汇时间;在合同中采用固定汇率,消除汇率频繁波动对项目成本造成的影响;还可以通过远期外汇、货币期货、外币期权、择期业务或者货币市场保值等金融业务,对其外汇风险敞口进行套期保值。

(4)加强管理,提高核心竞争力

管理水平已成为市场准入的重要条件。我国工程承包企业应认真吸取国际上大型承包商的先进经验,围绕企业发展的重点,提高管理的现代化、信息化水平,加大科技投入,在不断完善企业新技术的基础上,积极探索更为科学的施工方式和施工方法,发展具有自我知识产权的专利技术,提高工程承包的高技术含量,全面加强技术优势,培养核心竞争力。

(5)加强合作,互利共赢

国际工程市场上巨头垄断现象明显,这些大的工程承包企业凭借在资本、技术、开发、运营和品牌等方面的优势,使得许多中小承包商被排除在 EPC、BOT 等项目之外。据统计,225 强排名前 10 强的巨头

---

① 商务部网站 http://chinca.mofcom.gov.cn/aarticle/xuehuidongtai/200902/20090206056814.html。
② 中国国际工程咨询协会网站 http://www.caiec.org/2005/project_view.asp?id=1814。

承包商在2004年的国际营业额为809.83亿美元,占225强同年国际营业额总和的48.36%。在当前激烈的竞争形势下,我国工程承包企业要强化合作,发挥专业分工、优势互补的优势,不但有利于稳定市场格局和经营秩序,也能降低投标成本,增加中标机会。同时,可利用金融危机可能使竞争对手尤其是发达国家的承包商竞争力相对减弱、国际承包工程市场面临重新洗牌的机会,通过合资、并购、参股等多种形式实现规模扩张,增强自身实力。

2.外部支持

金融危机对国际工程承包业的冲击是全面的,不仅需要企业自身的努力,也更需要来自国家、行业协会及金融机构的协助与支持。

(1)政府加大扶持

加强与有关国家的经贸互利合作,为企业创造更多的机会。适当调整现行的贷款政策和审批程序,加大对政府框架下项目的贷款支持力度。加快外汇管理体制改革,促进金融创新,增加企业套期保值手段;鼓励有条件的企业多跟踪境外BOT、BOOT项目,在融资方面给予支持;适当考虑汇率变动,尤其是人民币升值给企业造成的损失,给汇率损失一定的补贴。

(2)充分发挥行业协会的作用

针对国际经济形势的变换,适时引导企业在目标市场、经营方式、经营规模等方面进行战略调整。充分发挥协会的协调功能,促使会员企业加强自律,维护市场秩序,避免企业内部恶性竞争。充分发挥桥梁纽带作用,做好政府与企业间沟通交流,做到上情下达、下情上达,一些重要的问题,企业普遍关注的问题,要及时向政府反映并跟踪结果;同时为本行业或企业提供相应的服务。为企业提供市场信息、技术咨询、员工培训、法律援助等服务;向企业提供或发布行业发展研究、行业统计分析和行业政策规范等方面的资料,组织或举办会展招商、商务考察、产品推介等活动;开展国内外经济技术交流和合作,从产供销各个环节为行业开拓市场服务。

(3)金融机构加大对企业的信贷支持

从全球角度来看,各国基础设施建设,特别是发展中国家的基础设施需求增长迅速,而政府财力往往有限,因此基础设施建设的业主往往要求承包商采取BT或BOT的方式承接项目,承包商的融资能力成为参与国际市场竞争最重要的砝码。同一些发达国家相比,我国对外工程承包企业受到诸多限制,如出口信贷利率偏高、还款期限较短、国家控制外汇信贷规模、审批程序复杂、审批时间较长等,以上这些因素严重影响了我国企业在带资承包国际工程项目上的竞争力。在当前形势下,国家进出口银行等金融机构应当通过降低出口信贷利率、延长贷款期限、提供投标保函等方式增加对国际工程承包企业的信贷支持。⑤

参考文献

[1]赵志刚.国际工程承包商自身因素风险分析与防范[J].铁路工程造价管理,2007(7).

[2]孙晓丹,王勃,刘俊颖.国际工程承包项目汇率风险应对[J].国际经济合作,2008(9).

[3]祁世芳,贾月阳.工程项目的风险管理研究.太原理工大学学报[J].2002(1).

[4]徐阳.国际承包工程面临的风险与对策[J].国际经济合作,2001(1).

[5]苟厚平,李硕.国际工程承包企业外汇风险管理策略[J].国际经济合作,2005(7).

[6]刘洪萍,聂胜录.国际承包工程外汇风险及对策[J].中国有色金属,2009(1).

[7]谭恒.国际工程承包市场分析及对策[J].技术与创新管理,2008(1).

[8]林茂藩.国际工程承包业投资经济风险防范与利用[J].水利科技,2008(2).

[9]江平.国际水泥工程总承包风险及其应对[J].施工企业管理,2005(3).

[10]杨建龙.国际建筑业现状与趋势[J].施工企业管理,2005(4).

[11]刘园.国际金融风险管理[M].北京:对外经贸大学出版社,2007.

[12]何伯森.国际工程承包[M].北京:中国建筑工业出版社,2007.

[13]李惠强.国际工程承包管理[M].上海:复旦大学出版社,2008.

[14]中国统计年鉴2008.

经济危机形势下
中国建筑业的发展和民工的出路

蔡金水[1]，刘雅丽[2]

(1.北京市东城区政协，北京 100007；2.北京经济管理职业学院，北京 100081)

由美国次贷危机引发的金融风暴已经转化成了全球性的经济危机，不断向实体经济蔓延。经济寒流冲击下，中国经济形势日益严峻，今年是我国进入 21 世纪以来经济发展最为困难的一年。国际金融形势震荡多变，国内经济增速变缓，目前，金融危机已对全球实体经济产生了巨大的冲击。2008 年世界经济明显放缓，下行风险逐步加大。预计 2009 年全球经济增长率仅为 2.2%，发达国家经济将下降 0.3%，前景更加不确定。在此背景之下，我国部分企业经营困难，出现倒闭裁员、民工返乡现象，影响就业。而在经济危机下建筑业是受影响最大的行业之一。建筑业是我国国民经济中举足轻重的重要行业。那么，在当前金融危机爆发的形势下，我国建筑业将何去何从？将会受到怎样的影响？中国建筑业企业又该如何针对当前发展形势制定应对策略？该如何在危机中寻找机遇，特别是如何解决民工的就业出路，保持社会稳定，从而获得更大的发展呢？这是我们需要认真研究的问题。

一、形势比预想的更严峻

国际金融危机对中国经济的影响正加速显现，传导速度之快超过预想。而且这场经济危机造成的危害和延续的时间可能都会超过人们的预期，所以，胡锦涛主席最近指示说要加强忧患意识和危机感。2009 年 3 月 31 日在出席二十国集团领导人第二次金融峰会前夕指出，当前，国际金融危机仍在蔓延和深化，国际金融市场仍处于动荡之中，全球实体经济受到的影响越来越明显。应对国际金融危机、推动恢复世界经济增长已成为当前国际社会共同面临的严峻挑战。央行行长周小川也指出：要做好面对最坏情形的准备，准备过几年苦日子。中央要求 2009 年中国 GDP 增长率能保持在 8%，但难度很大。据英国 BBC 网站 3 月 18 日报道，世界银行已将 2009 年中国 GDP 增长率预测由 7.5%下调至 6.5%，并称中国无法逃避全球经济危机带来的冲击。世行表示，危机会导致中国的出口和非政府投资减弱，尤其是世界对中国商品的需求下降可能会导致中国 2 500 万人失业。

经济危机很大程度影响着建筑行业的发展，由于房地产业出现了严重萎缩，项目减少，施工企业可经营的范围少了，其他方面的民营项目也少了，很容易出现很多施工企业抢一个项目的局面，建筑业面临重新洗牌的格局。最近，中国有关专家提出，中国经济可能要有三至五年左右的调整期，而房地产市场、建筑业的调整期可能会更长。建筑业也要把风险准备在 3~5 年或更长的区间。

中国统计局 2009 年 3 月 25 日发布最新数据称，截至去年年底，中国农民工总数为 2.25 亿人。在这 2.25 亿农民工中，有 1.40 亿人在本乡镇以外就业，占总数的 62.3%，其余人在本乡镇以内务工。截至 2009 年中国新年前，在 1.40 亿外出务工的农民工中，已有 7 000 万返乡。其中很大一部分是建筑业农民工。现在，这7 000万返乡民工中仍有2 300万人没有找到工作，而这其中只有不到7万人愿意重新务农。而且从行业上看，制造业和建筑业受金融危机的冲击最严重，建筑业中农民工返乡比例高达73.3%。中国政府担心巨大的失业农民工人口可能构成社会不稳定因素。返乡农民工中有2.2%的人在农村并没有耕地，这意味着有超过150万失业农民工连重新作农民这条出路都没有。除农民工外，中国今年也面临严峻的城镇人口失业问题和高校毕业生就业问题。二者交织在一起，使就业问题成为当前最严重的社会问题，使解决失业农民工问题难度加大，必须引起我们的高度重视。

当前，我国建筑业从业人员已有3 893万，其中农民工2 797万，占71%，建筑业是一个劳动密集型的传统产业，是解决我国农村富余劳动力的主要出路之一。建筑业也是国民经济的重要物质生产部门，它与整个国家经济的发展、人民生活的改善、增加就业有着密切的关系。1978年改革开放以来，我国建筑市场规模不断扩大，国内建筑业产值增长了20多倍，建筑业增加值占国内生产总值的比重从3.8%增加到了7.0%，成为拉动国民经济快速增长的重要力量。1980年4月2日，邓小平同志发表了关于建筑业和住宅问题的重要讲话："从多数资本主义国家看，建筑业是国民经济的三大支柱之一，……在长期规划中，必须把建筑业放在重要的地位。建筑业发展起来，就可以解决大量人口就业问题，就可以多盖房，更好地满足城乡人民的需要。"之后，建筑业更有了长足的发展。建筑业企业数量从1980年的6 604个发展到现在的6万多个；从业人员从1980年的648万人发展到现在的3 900万人。全社会施工、竣工房屋建筑面积从1995年的施工面积21.5亿 m²、竣工面积14.56亿 m²发展到2007年的施工面积54.85亿 m²、竣工面积23.84亿 m²。2008年全社会建筑业实现增加值17 071亿元。全国具有资质等级的总承包和专业承包建筑业企业实现利润1 756亿元，上缴税金2 058亿元。所以无论从哪方面说，建筑业都是我国国民经济中举足轻重的重要行业。中国正处于从低收入国家向中等收入国家发展的过渡阶段，建筑业的增长速度很快，对国民经济增长的贡献很大。同时，中国正处在大规模城镇化建设的阶段，也是世界最大的建筑市场，目前的建筑量占到世界的一半还多。所以，建筑业在中国是最重要的行业之一。建筑行业能带动建材、家居等多个领域的发展，增加大量就业岗位。因此，保持建筑业的平稳健康发展，是国民经济的重要一环，建筑业绝不能垮，我们必须采取积极有效的办法，保证建筑业渡过难关。

二、政府4万亿元投资将极大拉动中国建筑业的发展和民工就业

美国次贷危机爆发之后，面对中国经济萎缩的趋势，中国政府出台了两项政策，一是提高出口退税率以继续刺激海外消费者增加对中国产品的需要；二是为了抵御经济危机，拉动内需，中央启动积极财政政策，推出了高达4万亿元的经济刺激计划。地方政府的积极性非常高，纷纷蜂拥到发改委要求大上项目，各省、市、自治区目前公布的固定资产投资总额已逾20万亿元。在未来5年内，国家在基本建设方面将加大投资，在公路、铁路等基础设施的建设方面每年都有数千亿的投资，共有几万亿元要投到公路和铁路上。中央还决定加大保障性住房建设力度，争取用3年时间基本解决城市低收入住房困难家庭住房及棚户区改造问题。到2011年年底，基本解决747万户现有城市低收入住房困难家庭的住房问题，基本解决240万户现有林区、垦区、煤矿等棚户区居民住房的搬迁维修改造问题。2009年到2011年，全国平均每年要新增130万套经济适用住房。在加大保障性住房建设力度的同时，积极推进农村危房改造，开展住房公积金用于住房建设的试点，以拓宽保障性住房建设资金来源。大规模的保障房建设，计划投资9 000亿元。这些做法目的就是为了拉动内需，从另一方面来加强建筑业的"繁荣"，据悉，为了缓解由于金融危机给地方政府带来的财政困难，拉动经济，中央又决定改变地方政府不得发行地方债的做法，允许地方政府发行一些"地方政府债券"。2009年，中央政府将代发2 000亿元左右的地方政府债券，以增强地方安排配套资金和扩大政府投资的能力。各地政府都非常积极。

国家的4万亿投资中,建筑行业占了很大比例。政府4万亿元和各省、市、自治区目前公布的已逾20万亿元固定资产投资将极大拉动中国建筑业的发展和民工就业。建筑业应该抓住这个机遇,走出困境,积极承担起社会保障性住房建设和公路、铁路等基础设施的建设任务,降低成本,提高技术水平,建设高科技水平的绿色建筑,使建筑业通过这次经济危机的锻炼,进一步提高竞争能力。今后几十年,中国仍将处于经济建设快速发展时期。近年来我国投资建设了一大批举世瞩目的特大型建设项目,已投入运营的,就有长江三峡工程、黄河小浪底水利枢纽、西气东输、上海磁悬浮轨道交通工程、南水北调、青藏铁路、西电东送、奥运场馆等项目。这些项目的开发建设,都带动了建筑市场的快速发展。再加上其他的一些项目,包括能源、交通、通信、水利、城市基础设施、环境改造、城市商业中心、住宅建设等,还有卫星城开发、小城镇建设等,使中国的建筑市场发展迅速,进入了快速发展的阶段。今后建筑业也要全方位发展,要掌握多种技能,从"狭义建筑业"只会盖房子向"广义建筑业"能在多个领域发展,这也是建筑业拓宽市场的重要出路。

三、土地流转、非农用地整合将给中国建筑业的发展和民工就业开拓更广阔的天地

进入21世纪以来,我国进入全面建设小康社会时期。小康的重要标志就是人民生活水平有大幅度提高,城市化建设逐步走向现代化。今后20年,我国城市化应保持每年增加约一个百分点的水平。随着城市化进程的加快和人们生活水平的提高,城镇居民住房、工作环境改善,城市交通设施建设完善等为建筑业的发展带来了巨大的市场,极大地促进了建筑行业的发展。但是,我国人多地少,土地资源紧缺,现在,各地城镇建设用地非常紧张,已严重制约着我国城市建设和经济发展,也对建筑业产生很大影响。很多城市按照原土地规划已经无地可征。如北京2003年实际建设用地就已超过2010年原规划的建设用地(445万亩)17万亩,2003年后,北京每年又批出约6 000hm²

(90万亩)建设用地,透支量就更大了。土地问题始终是我国现代化进程中一个全局性、战略性的重大问题,因此必须另寻途径,解决建设用地问题,城市建设和建筑业才能发展。合理整合农村集体所有非农用地,建立城乡统一的建设用地市场是解决今后我国城镇建设用地的主要途径。

改革开放以后,中国城市化进程不断加快。至2008年末,我国城镇人口已达60 667万,全国城镇人口占总人口的比重为45.68%,比解放初期增加了十几倍,还将于2025年达到9.26亿,到2030年突破10亿,城乡人口转移的规模是世界上空前的。如果2025年我国的城市化率达到70%,即9.26亿人居住在城里,城镇人口还要比现在增加3.2亿,需要约12.2万 km²的城市土地,就需要至少再新增约2万 km²的城市面积。另外,道路交通、工矿企业也要发展,也要占地。因此,今后我国每年都要再占用四五百万亩土地,到2020年就至少要增加四五千万亩建设用地。而现在,我国耕地面积已由1950年的29.4亿亩,人均5.2亩,减少到了2007年末的18.257 4亿亩,人均不足1.4亩,严重影响粮食安全,因此中央要求"坚决守住18亿亩耕地红线",即我国最多也只有2 000多万亩耕地还能占用。2008年10月23日,国务院又发布了决定实施的《全国土地利用总体规划纲要(2006-2020年)》。《纲要》规划期内要求严格控制建设用地,确保全国耕地保有量2010年和2020年分别保持在18.18亿亩和18.05亿亩。所以今后我国城市建设基本上已不能再占用农田,我们必须充分认识我国土地利用,特别是耕地保护的形势日趋严峻、建设用地的供需矛盾日益突出的现状。

然而,我国目前城市建设中,土地浪费却非常严重。现在我国城市建设用地和农村建设用地共有33.4万 km²,根据世界各国城市人均用地标准,按平均1km²居住1万人的合理水平,能够容纳30多亿人,若按我国住宅区每公顷建房1~2万 m²,人均住房建筑面积30~35m²,300~600 人/hm²的标准容积率,很多城市中心区人口密度高达2万人以上,能容纳的人就更多了。但实际上我们30多万平方公里土地上只住了13亿人,可见土地浪费很大。目前我国城

市人均用地 133m²,已经超过人均建设用地 120m² 的规划标准高限。对照国际上的大都市,东京人均建设用地仅 78m²,我国香港才 35m²,北京核心区人口密度高达 22 394 人/km²,人均实际占有土地面积已经下降到 30m²,这些城市仍然具有很强的竞争力和较好的居住环境。到 2007 年末,我国城镇建成区面积为 6.7 万 km²。农村集体建设用地的面积是 4 亿亩 (26.7 万 km²),其中农民宅基地有 2.5 亿亩 (16.7 万 km²),农村人均用地 214m²,更超过农村人均建设用地 150m² 的规划标准高限 64m²。从土地利用状况看,我国对建设用地的利用总体粗放,集约利用空间较大,为统筹保障科学发展与保护耕地资源提供了基础条件。但是,由于过去城乡分割的土地制度,农村土地不能流转,城市建设用地紧缺,农村用地浪费,却不能流通。

2008 年 10 月,十七届三中全会通过了《中共中央关于推进农村改革发展若干重大问题的决定》。《决定》允许农民以多种形式流转土地承包经营权,确认集体建设用地、宅基地和农用地使用权流转的合法性,适度推进农村集体建设用地流转工作,逐步建立城乡统一的建设用地市场,同地同价,将把中国的土地制度改革推向一个新里程,被称为“第三次土地革命”。势必对中国城乡建设发展带来重大影响和巨大冲击,也将带来更多的新机遇。土地流转、非农用地整合将给中国建筑业的发展和民工就业开拓更广阔的天地。

据估计,到 2020 年,我国还将约有 2 亿农民进城,仅宅基地就可以腾出 1 500 万亩 (1 万 km²),规模相当可观。目前大约有 2.25 亿农民到城市打工,他们在农村都留有住房,尽管城市里住房紧张,寸土寸金,居民面临“住房难”,乡村一幢幢的单体农居占地甚广却人烟稀少,对比鲜明。据国土部门的统计显示,2007 年末,农村集体建设用地的面积是 4 亿亩 (26.7 万 km²),其中农民宅基地有 2.5 亿亩 (16.7 万 km²),全国村镇实有房屋建筑面积 323.4 亿 m²,其中住宅 271.2 亿 m²,全国村镇人均住宅建筑面积 29.2m²,而农村的住房空置率大约在 30%,即高达 80 多亿 m²,多么惊人!我们应该积极落实十七届三中全会决定,合理整合农村集体所有非农用地,适度推进

农村集体建设用地流转工作,逐步建立城乡统一的建设用地市场,减少土地浪费,促进城乡一体化。现有的农民宅基地 16.7 万 km²,若允许合法流转,就能使城市的土地供应增加一倍以上,可以大大增加可建设用地,缓解城市用地矛盾。

由于土地产权自由交易、同地同价,还会使农村用途的土地转变为城市用途的土地时的价格大幅上涨,就会提高城市土地利用效率,使城市人均用地面积减少,也会节约出大量土地。如果城市人均用地面积从现在的 133m² 减少到 100m²,1km² 居住 1 万人的合理水平,在城市化率在 70% 的水平上,全国将会节约土地约 3 万 km²。

因此,促进农村土地流转、城乡一体化,建立城乡统一的建设用地市场,就会有大量农村宅基地、集体土地释放出来,完全可以不占用耕地,就能解决我国城镇建设用地的需要。同时也给建筑业开拓了更广阔的空间。建筑业今后应该不再把眼睛只盯在大城市,农村地区的城乡一体化建设将是建筑业的主要用武之地。

四、房地产开发模式必须改变,建筑业应该摆脱对房地产业的依赖,独立承担更多的建房任务,就可以有更大的发展空间

中国房地产业在 2008 年陷入了前所未有的困境,2009 年形势更加严峻。尽管 2008 年商品房销售面积同比下降了 19.7%,但全年新开工面积和施工面积分别增长了 2.3% 和 16%,施工面积 (27.4 亿 m²) 和新开工面积 (9.76 亿 m²) 与同期销售面积 (6.2 亿 m²) 的比值分别为 4.42 和 1.57,比值创历年新高,市场潜在供应量大。以过去半年平均销售量计算,消化周期至少需要 1~2 年,甚至更长。其次,受市场潜在供应量大、销售下滑、未来走势不明和资金紧张等影响,房地产开发企业投资意愿不足,减少土地购买、推迟新开工量、延缓施工进度,会导致投资规模继续下降,这对建筑业的发展构成较大影响。因为这些年建筑业对房地产业的依赖性很大,房地产业一滑坡,建筑业就处境艰难。其实,建筑业完全没有必要和开发商绑在一起,建筑业应该摆脱对房地产业的依赖,独立承担更多的建房任务,就可以有更大的发展空间。

房地产开发模式必须改变。

现在,全世界都没有中国这样的开发商。其他大多数国家的房地产开发商不过是投资商雇佣的服务中介行业,或者就是建筑商,替投资商和拥有土地的业主打工,利润一般只有 3% 左右,绝不是暴利行业,所以不像中国的开发商这样声名狼藉。我国这种开发商主导建房,空手套白狼,什么实事都不干,却攫取比建筑商、建材商、勘探、设计、监理企业各个干实事的行业利润加起来都多的暴利,举世罕见。我们大陆这种开发方式和一次性收取 70 年土地出让金的作法主要是学我国香港,但是香港收取的土地出让金全部是用来建公屋,香港大多数居民的住房是由香港政府提供廉价公屋来解决,最多时占居民住房的 2/3 以上,这一制度的精华我们却根本没学。房地产业属于第三产业——服务业,其本身并不直接创造价值。在我国房地产产业链条上,规划由规划单位做,设计由设计单位负责,工程施工由建筑单位做,开发商扮演的只是"中间人"角色。而且,从资金来源上来看,许多开发商的自有资金寥寥无几,主要通过让建筑企业垫资(向建筑企业转嫁风险和成本)、预售房(向购房者转嫁风险和

成本)、直接贷款或假按揭(向银行转嫁风险和成本)等方式,来维持经营。而这个几乎什么都不干的开发商群体,却攫取了整个房地产链条中高达 90% 的利润,而且几乎不用承担任何风险。在一个开发项目建设的全过程中,有人做过分析,从勘探设计,建筑施工,水电气热供应,市政道路管线施工,建筑材料设备供应,到物业管理,每个行业都不能缺,只有开发商是可有可无的,是多余的一环。而他们利用对住房供应的垄断,故意刺激商品房价格的飞涨,使房地产的巨大利益向地方政府和开发商倾斜,开发商年暴利达 4 000 亿,利润甚至占房价的 50%,一些开发商纷纷进入了富豪榜。与房地产开发有关的税费、土地收入成了一些地方政府的主要财源,房地产企业还成了官员们的主要寻租渠道、腐败的渊源,已揭发出来的贪官污吏 80% 以上都与征地拆迁和房地产有关。这种状况是很难持久的。因此,很多学者建议中国政府应当取缔现在的开发商,主张让建筑企业直接参与房地产开发,减少中间环节。中国社科院曹建海先生发表文章说,中国完全有能力不用多花一分钱就能解决普通市民的基本居住问题。那就是仿照广大农村,让城市人民

1995~2007年全国施工房屋和竣工房屋建筑面积　　　　　　表1

年份 \ 地区	施工房屋建筑面积（万 m²）	住宅（万 m²）	商品住宅（万 m²）	竣工房屋建筑面积（万 m²）	住宅（万 m²）	商品住宅（万 m²）	竣工房屋价值（亿元）
1995	21 5084.6	140 451.9	32 902.3	145 600.1	107 433.1	11 951.3	
1996	(236 308.5)	(155 849.3)	(31 849.3)	(162 849.3)	(122 204.5)	(12 232.6)	
	235 258.6	155 508.9	31 849.3	161 965.7	121 913.4	12 232.6	
1997	230 491.0	149 658.1	30 374.7	166 057.1	121 101.0	12 464.7	
1998	245 755.7	167 600.8	36 223.0	170 904.8	127 571.6	14 125.7	
1999	263 294.3	181 236.4	42 590.3	187 357.1	139 305.9	17 640.7	9 498.7
2000	265 293.5	180 634.3	50 498.3	181 974.4	134 528.8	20 603.3	9 969.6
2001	276 025.4	182 767.1	61 583.0	182 437.1	130 419.6	24 625.4	10 495.1
2002	304 428.2	193 731.0	73 208.7	196 737.9	134 002.1	28 524.7	11 686.3
2003	343 741.7	205 286.7	91 390.7	202 643.7	130 160.8	33 774.6	13 421.0
2004	376 495.1	217 580.5	108 196.5	207 019.1	124 881.1	34 677.2	15 239.6
2005	431 123.0	239 769.6	129 078.4	227 588.7	132 835.9	43 682.9	18 789.5
2006	462 677.0	265 565.3	151 742.7	212 542.2	131 408.2	45 471.7	19 891.6
2007	548 542.0	315 629.8	186 788.4	238 425.3	146 282.7	49 831.3	23 582.7
合计	4 197 810 .1	2 605 420.4	6 286 426.1	2 481 253.2	1 681 844.2	345 606.1	

资料来源:《中国统计年鉴》。

自由建房,不通过开发商,使普通市民拥有住房远比现在容易得多。那种认为取消了开发商就没人盖房子的人,实在是无知。回顾一下,1981年以前的5 000多年文明史,哪里有什么房地产开发商?现在广大农村农民住房比城镇居民住房多得多,解决得也比城市好,也没有用什么开发商。取消了开发商,建筑公司继续会为我们建房。彻底放开自然人和社会企业从事房地产开发的各种限制,鼓励自主建房、合作建房和单位建房,使自主建房成为人们的首要选择;鼓励建筑企业从事土地购买、规划设计、建筑施工、房屋经营、房地产金融等综合房地产业务,使建筑企业成为房地产开发的主流企业;允许各类投资基金、投资公司从事房地产开发经营活动,通过上述措施的综合实施,房地产开发商这样的不劳动的暴利行业将在中国不复存在。现有的房地产开发商必然会向规划设计、建筑施工、建筑管理顾问、房地产中介、房地产投资、资产管理等以劳动为基础的物质生产领域转移,找到自己的最终归宿。改变开发商垄断住宅供应市场的现状,老百姓的住房会解决得越来越好。建筑业也会有更好的发展空间。从表1也可以看出,即使现在,从1995~2007年全国竣工房屋建筑面积累计共248.1亿 m²,其中住宅168.2亿 m²,而开发商建设的商品住宅只不过34.56亿 m²,才占住宅竣工建筑面积的20.5%,竣工房屋总建筑面积的13.9%。也就是说,建筑业盖的房子中,由开发商建设的商品住宅只占很小比例,建筑业完全可以摆脱对房地产业的依赖,更多地直接从投资商、业主手里接活,甚至直接自筹资金建设商品房(表2)。

总之,政府应该利用好这次房地产业进入调整期的契机,完善和创新房地产利益机制,转变房地产开发模式,促进建筑业健康发展。

五、实行"走出去"战略,我国建筑业走出国门仍有巨大优势

这次百年未遇的金融风暴对很多国家的伤害,比对中国的伤害还严重得多。所以各国政府也相继拿出几万亿美元,推出各种救市政策,启动了很多建设项目。在这种形势下,贯彻落实中央"走出去"战略,支持国内有比较优势的建筑企业"走出去",充分利用国际、国内两个市场、两种资源,优化资源配置,拓展我国经济的发展空间,已取得社会各界的广泛共识。许多大中型企业,都将"走出去"作为未来几年甚至更长一段时期的重点战略,而一些特大型企业,更是将"走出去"战略列为重中之重。

我国建筑业过去参与国际市场竞争很不充分。中国建筑业从业人数和企业众多,中国的人口是世界人口的22%,中国建筑业从业人数则占全世界建筑业从业人数的25%,而在国际工程承包中却只占世界市场的2%,这对我国如何尽早走向国际市场提出了更艰巨的任务与要求(表3)。

其实,我国建筑业较之许多发展中国家而言,具有很大的资源优势,低劳动力成本也成为中国建筑业最大的比较优势。我们的工程承包又往往与其资源开发项目相关,通过工程承包参与其资源开发项目投资,不仅有利于扩大市场占有,也符合我国资源紧缺的实际和可持续发展的战略。建筑业企业应当以资本或经营联合的方式真正把这些优势发挥出来。

中国建筑产业为了摆脱计划经济模式的束缚,20年来已在管理体制改革方面做了大量的工作。但与世界先进国家相比,目前仍存在较大的差距,迫切需要提高科技水平和创新能力,提升企业的国际竞争力。加快培育企业自主创新能力,加强对环保、节能施工专利技术的研发及运用,促进科技成果向实际生产力转化。鼓励企业集团以及大型、高资质企业进行战略联盟,提高竞争水平和能力,加大"走出去"步伐,积极开拓国际市场。同时,通过与不同国家企业间的合作,将国际先进技术和管理经验引入国内市场,也可以推动国内建筑水平的提升。在当前形势下,我国建筑业利用低劳动力成本等比较优势,开拓国际市场,也是走出危机的重要一步。

六、危机时期是培训人才、储备人才的最好时期

中国建筑市场已成为全球容量最大的建筑市场。但要使建筑业成为真正的支柱产业,其中需作的努力仍然不少。

首先,建筑业发展需要大量技术工人,建筑施工

是一个庞大的系统工程,工种繁多,工序复杂,高中低技术兼有,各种作业的实施,都需要大量的技术工人作为支撑。由于我国建筑施工企业在薪酬上对于人才的吸引力不强,导致中青年技术人才纷纷流失,大中专毕业生不愿到建筑施工企业工作,造成了技术工人队伍出现年龄断层。而随着中国建筑业的发展,作为建筑施工企业有生力量、大部分由农村富余劳动力构成的的农民外协工队伍,又普遍存在着文化程度低、缺乏有效的职业培训、流动秩序混乱等问题。有88.6%的农民工的文化程度是在初中以下,技术工人和熟练工人所占比例较低。在全国外出的农村劳动力中,接受过专业技能培训者不足15%。对于建筑施工企业编制外的外协工来说,能给予的职业培训更是少之又少,"在干中学"成为了建筑施工企业外协工提高技术水平的主要方式。建筑业季节性强,人员流动性大,临时工、农民工比例高达70%以上,必须加强对建筑企业农民工的素质教育和培养培训,提高他们的技术水平,才能适应现代化、高科技建筑的建设。今后的建筑物科技含量越来越高,已不是过去那种砖瓦灰砂石的粗笨劳动所能适应的。

中国建筑业的升级,不仅需要加大技术研发投入的力度,进一步实施精细化管理,更需要有大量的训练有素的技术型产业工人,要解决建筑施工行业所面临的种种劳动力问题,中国建筑施工企业必须高度重视职业技能培训,增加所需劳动力的培训机会。要实现经济增长方式从劳动密集型向智力密集型过渡,还必须提升人才素质。但是,过去企业忙于生产施工,根本没有机会对职工进行全面培训。现在,经济危机来了,活少了,正是培训人才、储备人才的最好时期。有头脑有远见的企业不是把职工遣散,让民工返乡失业,而应该是抓住这个时机搞好培训,提高职工的技术水平。任何竞争,归根结底是人才的竞争。从人力资源开发角度看,目前我国建筑队伍的开发潜力还很大。能够抓住这个机遇培训人才、储备人才的企业,危机过后才是强者。

1985~2007年建筑业房屋建筑面积(单位:万m²) 表2

年份 \ 地区	总计		国有		集体	
	施工面积	竣工面积	施工面积	竣工面积	施工面积	竣工面积
1985	35 491.8	17 072.7	19 295.8	8 563.1	16 196.0	8 509.6
1990	37 923.0	19 552.5	20 303.2	9 361.7	17 619.7	10 190.9
1991	41 054.2	20 256.3	21 395.4	9 566.2	19 658.8	10 690.1
1992	51 885.4	24 045.5	25 896.1	10 968.0	25 989.3	13 077.5
1993	65 374.2	28 684.8	32 118.1	12 085.4	32 724.1	16 379.0
1994	78 032.2	32 383.3	39 445.8	14 143.0	37 004.4	17 674.0
1995	89 862.8	35 666.3	44 562.9	15 182.4	41 829.5	19 262.0
1996	129 087.0	60 047.9	48 372.8	17 491.3	74 668.4	39 827.3
1997	128 680.3	62 244.0	48 830.1	18 507.5	70 795.3	39 859.3
1998	137 593.6	65 682.6	45 866.9	17 577.4	71 597.6	39 338.0
1999	147 262.5	73 924.9	47 055.7	19 868.6	70 590.4	39 949.1
2000	160 141.1	80 714.9	46 237.5	20 145.0	68 112.3	38 515.5
2001	188 328.7	97 699.0	46 627.5	20 338.2	61 239.2	36 115.1
2002	215 608.7	110 217.1	44 567.3	19 628.2	52 564.4	30 071.3
2003	259 377.1	122 827.6	46 803.7	18 774.1	50 488.9	26 727.6
2004	310 985.7	147 364.0	52 397.9	20 552.5	42 858.3	23 393.3
2005	352 744.7	159 406.2	56 308.8	20 505.7	42 257.4	21 750.4
2006	410 154.4	179 673.0	62 253.8	20 014.4	40 872.5	21 019.3
2007	482 005.5	203 992.7	68 768.4	20 539.5	42 119.6	21 300.9

七、危机时期,更要构建完善的社会保障体系,特别是建立完善的农民工社会保障制度,才能保持社会稳定

近年来,农民工的社会保障问题已经引起各界的广泛关注,但各地建构的的效果却不佳,绝大多数农民工难以融入城市长期生存,一遇危机首先被辞退回乡,成为没有工作、没有土地、没有社会保障的"三无"人员,潜藏着很大的社会危机。危机时期,更要构建完善的社会保障体系,特别是建立完善的农民工社会保障制度,才能保持社会稳定。因此,必须通过理念创新带动思路创新、制度

创新和政策创新,真正构建一个"低水平、全覆盖、可持续、可接轨"的进城农民工社会保障制度,促进农民工社会保障的健康发展。解决农民工的社会保障问题的根本点就在于阻止中国社会的进一步分裂,要建立对全国所有进城农民工的养老保险、医疗工伤保险制度,实施与城镇职工统一的制度,而且可以在全国跨地区转移,使农民工能够在一个城市稳定地生活,从而促进中国社会的城市化和城乡一体化进程,保持社会稳定。

综上所述,危机中蕴藏着转机,中国建筑业任重而道远,希望我国建筑业能把这一步走好,早日走出危机。⑥

附图:近年来中国建筑业企业概况

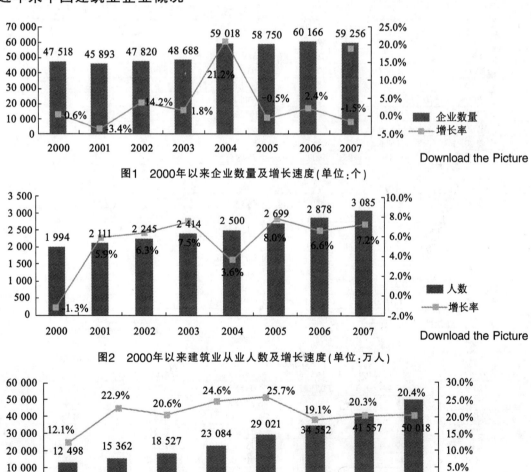

图1 2000年以来企业数量及增长速度(单位:个)

图2 2000年以来建筑业从业人数及增长速度(单位:万人)

图3 2000年以来建筑业总产值及增长速度(单位:亿元)

资料来源:《中国统计年鉴》。

1980~2007年中国建筑业企业概况

表3

年份	总计	国有企业	集体企业	港澳台商投资企业	外商投资企业	其他
企业单位数 (个)						
1980	6 604	1 996	4 608			
1985	11 150	3 385	7 765			
1990	13 327	4 275	9 052			
1995	24 133	7 531	15 348	329	312	613
1996	41 364	9 109	29 044	417	388	2 406
1997	44 017	9 650	29 872	491	454	3 550
1998	45 634	9 458	28 410	629	337	6 800
1999	47 234	9 394	27 197	664	341	9 638
2000	47 518	9 030	24 756	635	319	12 778
2001	45 893	8 264	19 096	622	274	17 637
2002	47 820	7 536	13 177	632	279	26 196
2003	48 688	6 638	10 425	535	287	30 803
2004	59 018	6 513	8 959	511	386	42 649
2005	58 750	6 007	8 090	516	388	43 749
2006	60 166	5 555	7 051	479	370	46 711
2007	62 074	5 319	6 614	482	365	49 294
从业人员 (万人)						
1980	648.0	481.8	166.2			
1985	911.5	576.7	334.8			
1990	1 010.7	621.0	389.7			
1995	1 497.9	824.3	631.9	5.0	5.4	31.3
1996	2 121.9	855.9	1171.4	8.7	8.6	77.3
1997	2 101.5	828.6	1148.2	8.2	9.6	106.9
1998	2 030.0	738.4	1057.3	9.3	5.1	219.9
1999	2 020.1	690.6	993.1	11.5	6.1	318.9
2000	1 994.3	635.6	887.5	8.2	4.4	458.6
2001	2 110.7	590.7	739.9	7.7	4.3	768.1
2002	2 245.2	543.8	579.2	7.4	4.5	1 110.4
2003	2 414.3	524.3	505.6	7.0	6.0	1 371.3
2004	2 500.3	467.4	386.4	6.8	8.1	1 631.6
2005	2 699.9	480.0	361.6	8.6	10.8	1 838.9
2006	2 878.2	467.6	332.0	8.9	8.1	2 061.6
2007	3 133.7	470.1	317.0	9.8	11.4	2 325.4
建筑业总产值 (亿元)						
1980	286.93	220.90	66.03			
1985	675.10	474.51	200.59			
1990	1 345.01	935.19	409.82			
1995	5 793.75	3 670.25	1 899.47	33.60	33.19	157.24
1996	8 282.25	4 160.21	3 695.68	46.85	50.51	329.00
1997	9 126.48	4 526.52	3 925.81	63.72	70.49	539.94
1998	10 061.99	4 571.44	4 012.01	91.94	62.52	1 324.08
1999	11 152.86	4 861.38	4 081.79	91.97	64.43	2 053.29
2000	12 497.60	5 053.79	4 035.84	99.18	67.49	3 241.30
2001	15 361.56	5 362.81	3 775.89	102.55	73.06	6 047.25
2002	18 527.18	5 582.86	3 338.50	113.87	91.38	9 400.57
2003	23 083.87	6 060.23	3 270.73	123.71	129.39	13 499.81
2004	29 021.45	7 325.61	2 756.12	137.03	202.46	18 600.23
2005	34 552.10	8 432.03	2 815.20	172.54	249.03	22 883.30
2006	41 557.16	9 218.56	2 904.48	240.52	274.87	28 918.73
2007	51 043.71	10 630.90	3 153.65	281.95	396.32	36 580.89

注:1. 本表1980~1992年数据为全民和集体所有制建筑业企业数据;1993~1995年数据为各种经济成分的建制镇以上建筑业企业数据;
   1996~2001年数据为资质等级(旧资质)四级及四级以上建筑业企业数据;2002年及以后数据为所有具有资质等级的施工总承包、专
   业承包建筑业企业(不含劳务分包建筑业企业)数据。
   2. 从业人员数1993~1997年为年平均人数。

图1 北京顺义2008奥林匹克水上公园航拍图

奥林匹克水上公园工程
节能减排、绿色施工技术

◆ 杨崇俭

（北京建工一建工程建设有限公司，北京 100007）

一、工程概况

奥林匹克水上公园是 2008 年北京奥运会赛艇、皮划艇、马拉松游泳比赛场地，是北京奥运会所有新建场馆中占地面积最大的比赛场馆，也是现代奥运史上第一次把激流回旋场地和静水比赛场地设置在一个地方的人工比赛场馆，因此具有非常特殊的意义。"碧水、蓝天、绿草茵茵"，与建筑交相辉映，和谐统一，充分体现"绿色、人文、科技"

三大理念，成为北京奥运会最具特色的比赛场馆之一。届时将产生 32 块金牌，是奥运会赛场中的第三金牌大户赛场（图1~图3）。

工程规划占地面积 162.59hm²，合同总造价 3.27 亿元。包括：静水艇库、激流回旋艇库、主看台、终点塔等16个单体建筑；13 万 m² 场地强夯处理、200 万 m³ 的土方挖填自平衡及激流回旋区堆山；70 万 m² 的赛道防渗工程；2 400kW 提升泵及中水、污水处理等机电设备安装工程；6 万 m² 的广

图2 水上公园静水终点区航拍图

图3 桨之桥实景照片

场地面铺装;10km 的场内道路工程;70 万 m² 的园林绿化;静水区域跨度由 18~70m 不等的 4 座桥梁和动水区域的 8 座步行桥。

工程合同开工时间为 2005 年 5 月 18 日,合同竣工日期为 2007 年 12 月 18 日。

1.工程位置(图4)

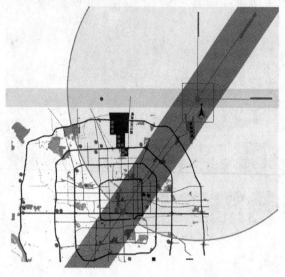

图4　水上公园相对位置平面图

2.总平面(图5)

3.主要建筑物

水上公园在建筑形象方面刻意强调了运动本身

来源于水和船艇的主题特色。静与动,正是赛艇、皮划艇(静水)比赛和皮划艇激流回旋比赛的特点所在,为场地的建筑形式提供了设计灵感,并最终成为水上公园的独特特征。

船艇的形态和寓意在赛艇、皮划艇(静水)中心的建筑设计中得到了充分的反映。主看台的设计主题是"龙舟",看台功能与船体建筑形式的巧妙结合,使其成为赛场的焦点建筑。终点塔的设计主题"玉灯笼",是赛场内最高的建筑物,结合裁判技术功能的透明玻璃体设计使其成为整个赛场的"标志"建筑。"玉灯笼"概念是水上运动主题的延伸,意在建造一个照亮整个水上公园的灯塔(图6)。

从静水艇库的建筑形象上,可以看到"双船"静静地停泊在赛道终点一端(图7)。

激流回旋赛道里涌动的波浪激发出的设计灵感在"波浪形"屋面的激流艇库上得到了充分体现,从而赋予其强烈的视觉效果和鲜明的个性(图8)。

二、工程难点及特点

1.工程综合性强,涉及市政桥梁、道路、建筑、岩土、防渗、园林等众多领域,专业配合多,对总包单位的综合协调能力要求高。

2.赛道防渗面积共计 70 万 m² 左右。如此大

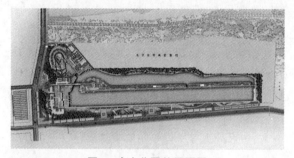

图5　水上公园总平面图

图6　水上公园主看台及终点塔实景照片

图7　水上公园静水艇库实景照片

图8　水上公园激流艇库实景照片

面积采用高密度聚乙烯土工膜作为赛艇、皮划艇赛道的防渗材料,在国内属首例,无可借鉴的施工经验。

3.工程中土方开挖总量达到200万 m³,且土质为粉土、粉细砂,工程性质很差,几乎没有可利用的价值。同时,动水区还需要近70~80万 m³好土进行回填。弃土、换土必然对顺义区乃至北京市的生态和环境造成巨大的污染及农田破坏,且成本很高。通过规划场地标高消纳自身产生的土方,基本实现自平衡,实现了资源的充分利用,规避了环境污染。间接社会效益和经济效益不可估量。

4.动水赛道回填土处理难度大:钢筋混凝土的激流回旋赛道位于高填方之上,赛道内有流速很高的水从上面快速流下,一旦发生失稳和不均匀沉降,会使止水、排水和防水结构失效,渗漏加剧,工况急剧恶化,造成灾难性后果。目前在国内外尚无施工先例。

5.本工程施工面积达到162.59hm²,土方施工周期长达1年半,土质又以粉土、粉细砂为主,极易造成扬尘,且位置处于顺义区和北京市的上风头,"绿色施工"责任和难度很大。

6.在目前北京市极度缺水的情况下,赛场内对于水资源的保护和利用无疑是重中之重。特别是由于本赛场水体不具备自然循环保洁的条件,靠补水及换水来保持水质的代价不可估量。赛道水循环处理系统给赛场提供了可持续发展的空间,实现了赛道水体快速循环处理,保持了水质,减少了巨大的换水资源和相关费用。

三、创优工作总结

本工程合同中承诺工程质量达到"长城双金杯"标准,项目部提出"争创鲁班奖"的更高质量目标,并在施工各环节、全过程十分重视质量管理,制定了严格的质量管理措施和质量奖惩条例,并坚决贯彻执行。通过狠抓质量,取得了较好的成绩。以下为工程质量的管理性措施及主要分部分项工程的质量控制措施。

1.质量规划,质量保证体系建设

工程开工之初,建立了以项目经理为首的质量保证体系,并及时制定质量创优计划作为指导工序、分项、分部及单位工程全过程的质量控制,实行岗位责任制,明确责、权、利,建立质量保证体系。

2.积极借鉴先进经验,认真学习规范,强化质量意识

为了提高自身的管理水平,我们首先"走出去、请进来",多次组织项目部管理人员、外施队管理人员、班组长到兄弟单位参观学习,并多次约请了有关专家到现场检查指导工作。

3.建立健全各项创优质量管理制度

在施工过程中,除了坚持规定的质量否决制、施工样板制、质量双检制、方案先行制、质量例会制等管理制度外,还结合项目分包多、质量目标高的特点,实行了一些行之有效的质量控制手段。

质量活动日制度。每周进行一次质量活动日活动。组织质量专题会,实施质量联检、评比。

质量合同化制度。在与分包单位或外施队签订劳务合同时,将质量要求签入合同内,并实行过程控制,加大管理(处罚)力度。

坚持标准化管理。对日常工作程序、新工艺新材料、创优细部做法,均形成标准化,做到事事有标准,人人用标准。在关键部位建立质量管理点,指定专人负责,向科学管理要质量。

4.工程资料管理

资料全部实行计算机管理,按照单位工程、分部(子分部)工程、分项工程逐层汇总整理。资料的整理汇总原则是:真实、及时、规范、清晰。对分包单位和单独组卷的资料均进行总、分包双签制度,保证了资料的统一性。

通过科学管理、精心施工,工程达到了预期的效果,获得了北京市"结构长城杯金质奖"和"文明安全样板工地",并多次获得"2008工程"指挥部"绿色施工优秀工地"流动奖杯。工程已经申报市政工程竣工长城杯。

四、科技、环保示范工作总结——新技术支撑起一个绿色的奥运水上公园

顺义奥林匹克水上公园以54万 m²绿地及65万 m²水面,成为天然绿色氧吧式的比赛场馆,成为奥运场馆中最具特色的比赛场馆之一。在设计及施

工过程中,设计单位和施工单位紧密结合,通过科技攻关,综合运用各项新技术,使顺义奥林匹克水上公园"绿色"亮点愈发突显,在"土"和"水"这两个水上公园赖以生存的主题上充分体现出了"科技奥运"、"绿色奥运"(表1、图9~图12)。

新技术应用汇总 表1

序号	新技术名称	技术性质	备注
1	赛道微污染水处理技术	新技术应用	
2	中水处理技术	新技术应用	
3	雨洪综合利用技术	综合研发	
4	赛道防渗技术	改进及研发	
5	大方量劣质土方调配、平衡综合利用技术	新技术应用及研发	
6	劣质土应用研究	综合研发	
7	土工格栅加筋挡墙技术	新技术应用	
8	扬尘综合治理技术	综合研发	
9	中央计算机控制自动灌溉技术	新技术应用	

1.处理能力7万t/d的赛道水处理及尾水处理站,是国内规模最大的微污染水处理项目,实现赛道水循环利用(经住房和城乡建设部科技查新:国内未见日处理量7万m³、出水口水质达到三类以上水质标准的赛道微污染水处理系统的文献报道,该项技术具有新颖性)

水是水上运动项目的根本和生命。为了在北京这个严重缺水的城市建成主要使用大体积水来进行比赛的运动场地,最大限度利用好赛道内的水,控制赛道水体始终保持在竞赛要求的三类水标准,合理用水,科学节水,以先进技术保障水质,成为工程建设的研究重点。

奥林匹克水上公园赛道为封闭水体。经估算,在夏季高温环境中,40d左右水质将会恶化。为确保赛道水质达到比赛标准,现场采用生物膜微污染水处理技术,建设了日处理量7万m³的赛道水处理站,实现赛道水循环利用。

水上公园循环水处理系统中,在高效纤维过滤器反冲洗过程中,将产生一定量的生产废水。这些废水中含有悬浮固体、细菌、藻类、各种有机物质等,如果直接外排,将会造成对环境的污染。为了充分体现绿色奥运的精神,使水上公园实现零排放,场馆内设

置了尾水(即反冲洗水)处理系统,实现奥运水上公园及周边地区的可持续发展。此系统可以有效地解决在循环水处理系统高效纤维过滤器反冲洗过程中产生废水的排放问题,将近640m³/d的尾水进行处理后回用于赛道补水,实现整个水上公园水处理污废水"零排放"的目标。经过一年的使用,赛道水质始终

图9 水上公园鸟瞰图

图10 皮划艇比赛

图11 赛艇比赛

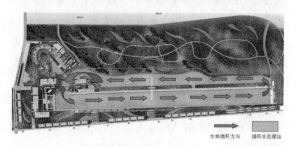

水体循环方向　　循环水处理站

图12 水体循环分析图

处于优良状态，为比赛及周边地区创造了理想的环境条件。

2.场馆内建设了三座处理能力均为100t/d,回用量为90t/d的生活污水的中水处理站，经处理后的水被循环用于绿地灌溉，实现"零排放"，节约了宝贵的地下水资源

中水处理站设备间内采用先进环保的技术手段和先进的环保材料及设备，处理完的水达到生活杂用水水质标准，年节约用水量可达到30 000多吨。中水处理站采用：预处理—调节池—毛发过滤器—接触氧化池—沉淀池—出水井—高效纤维过滤器—稳压设备—出水的工艺。该工艺中采用毛发过滤器，去除较大的杂质，减轻了后续构筑物负荷，延长了设

备的寿命。传统工艺和先进的环保科技手段相结合，使污水能在低成本的情况下得到最大程度的净化。真正实现了场馆污水零排放和水资源的循环利用(图13)。

3.采取铺设透水性生态砖、高承载透水混凝土、赛道周边设置截水沟等措施将经过卵石过滤的雨水排入赛道内，实现场馆内雨洪利用，平均每年雨水利用约12万m³,雨水利用率约为85%,节约赛道补水(经住房和城乡建设部科技查新：国内未见综合使用该项技术进行雨洪利用的报道,该项技术具有新颖性)

根据现场实际条件，在赛道周边创造性地设置卵石过滤截水沟，过滤后的净化雨水排入赛道内，实现场馆内雨洪利用，节约赛道补水(图14~图16)。

图13 中水处理站内实景照片

图16 设置卵石截水沟

图14 主看台前铺透水地面

图17 防渗膜铺设实景照片

图15 静水艇库前铺透水砖地面

图18 边坡保护层实景照片

工程实践

图19　防渗膜双缝焊接实景照片

图20　防渗膜单缝焊接实景照片

4.赛道采用高密度聚乙烯土工膜防渗，有效地节约了宝贵的淡水资源

同时比起其他防渗措施来，更好地保护了周围环境（经住房和城乡建设部科技查新：该防渗体系是针对水上公园所处地理位置专门研究出来的防渗方案，该项技术具有新颖性；已形成北京市级工法，工法编号07-04-018）。

公园水面面积64万 m^2，防渗面积近70万 m^2，大面积采用高密度聚乙烯土工膜作为赛道的防渗材料，在国内尚无先例。防渗膜施工中采用了双缝热合焊接、单缝挤压熔焊焊接等先进技术，提高了防渗膜焊接质量，同时

图21　蒸发量观测照片

图22　水位观测点

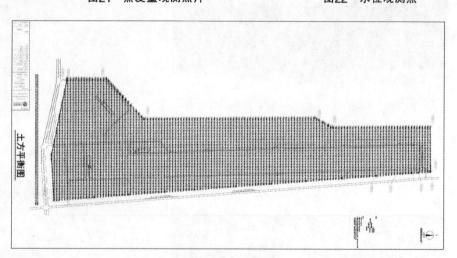

图23　土方平衡图

采用了充气法、电火花法、偶极子法等先进的检测方法确保了工程成品质量（图17~图20）。经过一年的水位观测，实际日水量损失约为500 m^3，只是设计允许值1 000 m^3 的50%（图21、图22）。

防渗膜上采用卵石、细砂、方砖等多种材料进行保护，与防渗膜共同形成完整的防渗体系。其中，卵

石铺设在水线以下 1.5m 至水线以上 1m，起到了很好的消浪效果。此项技术已经申报并获批为北京市级工法。

5.200万m³土方挖填场内自平衡，有效节约耕地资源，避免了土方外运，实现节能减排（经住房和城乡建设部科技查新：国内未见达到200万m³大方量土方平衡、劣质土通过机械化水泥抛撒处理利用的文献报道，该项技术具有新颖性）

工程建设过程中，静水赛道200万m³土方的开挖量非常巨大，废弃将造成大量开支、占用大量土地，还可能在运输过程中造成环境污染。同时场地平整和塑造激流区山型同样需要买进相当数量的好土，对环境影响之大不可估量。因而，在设计和施工中采用CAD辅助技术，通过精确的土方调配，做好场地内土方平衡，坚持"一车土不运出，一车土不买进"，不但会减少工期，节省造价，节约耕地资源，也有利于北京的生态环境，社会效益明显（图23）。

6.激流回旋赛道地基劣质土回填的应用研究： 激流回旋赛道地基采用经过改良后的场地内的粉土和粉细砂等劣质土进行回填，实现了场内劣质土的全部利用，避免了黏土的外购以及劣质砂土的外运，保护了赛场周边及北京市的生态和环境

钢筋混凝土的激流回旋赛道位于填方工程之上，而本场地内 3~4m 深范围内的土均为粉土和粉质砂土，工程性质很差，几乎没有任何再利用价值。首先，粉细砂的压实性差，与一般黏性土不同，它们在击实试验中往往没有明显的最优含水量和最大干密度，在潮湿状态反而最不易压实。无论是碾压、夯击，还是振动对于这类土的填方密实效果都不理想。其次，这两种土的变形性能都很差。由于压实性不好，很难得到理想的密度，在荷载作用下变形量较大；尤其是在振动荷载作用下，干燥状态可能产生振陷，在高含水量情况下甚至会发生液化。第三，它们的水力性能都不好。在渗透情况下，可能发生流滑和渗透破坏。最后，它们的抗剪强度较低，尤其是不排水强度可能很低。另外一个值得重视的问题是湿陷。在遇水浸湿或者饱和情况下，它们会发生湿陷变形，室内试验表明，这种变形有时可能很大。所以粉细砂和高含砂量粉土在填方工程中的应用是一个具有挑战性的技术难题。

利用粉细砂和含砂量很高的砂质粉土填筑动水

图24 水上公园激流区实景照片

图26 现场土壤经改良后的竖向抗冲刷试验

图25 激流回旋赛道水泥土使用旋耕犁进行分层搅拌实景照片

图27 加筋挡土墙施工实景照片

图28　赛道喷洒固化剂实景照片

图29　施工场地全面覆盖

图30　喷灌系统作业实景照片

图31　道路硬化实景照片

赛道的困难还在于该工程的特殊性。动水赛道位于填方工程之上，宽度30m，长度515m。流速很高的水从上面快速流下。为了减少不均匀沉降和整体稳定性，赛道采用分段的混凝土槽；为减少漏水，采用了止水、防渗、排水和反滤等多项技术措施。即使这些工程措施都无懈可击，填方土体中浸水、渗漏仍然不可避免。而一旦发生失稳和不均匀沉降，会使止水和排水结构失效，渗漏加剧，工况急剧恶化，造成灾难性后果。

经过与相关科研院所共同研究，确定选择以在粉土中掺加适量水泥的水泥土为原料，分层回填碾压，作为赛道的地基。通过现场足尺试验，优化施工参数，优选施工方案，解决了回填土抗冲刷能力差、沉降量大的技术难题，实现劣质土的科学改造，完全利用（图24~图26）。

7.激流回旋终点湖堤岸等陡坡及直壁采用土工格栅加筋挡土墙，原料就地取材，综合能耗很小。与传统重力式挡墙及其他结构形式相比，能显著地节省材料。此项技术已经形成建工集团级施工法

工程中陡坡和垂直护壁广泛采用土工格栅加筋

挡土墙施工技术，施工面积超过1.5万 m²，降低了工程成本，加快了施工进度。同时，加筋陡坡可以进行绿化、美化，与周围的园林绿化浑然一体（图27）。

8.现场占地面积达到163hm²，土方施工工期一年半之久，加之以粉土和粉砂为主的恶劣土质条件，给绿色施工、扬尘防治工作带来了很大的困难

工程施工中，承包方倾注了大量的精力、人力、物力和财力，采用苫盖、洒水、建立挡风墙、喷洒固化剂进行砂土固化、农业喷灌等各种有效技术措施，进行了有效的扬尘污染综合治理，确保绿色施工。减少对北京市和顺义区的环境污染，取得了良好的社会效益和经济效益。为大面积土方施工阶段的扬尘治理积累了经验。仅购买苫盖网一项，就投入资金100余万元，以实际行动实践了中国人对全世界"绿色奥运"的庄严承诺（图28、图29）。

9.室外绿地灌溉采用喷灌系统、中央计算机控制系统，根据不同的特定植物和土壤的需水要求设定编程，实现自动灌溉的全过程，更为精确、经济，节水效率可达30%

水上公园可分为两大区域：一是赛场的重点区域(主要是公园绿地的东、中、南部地区)，这部分区域种植与其他建筑设施(如道路、建筑物)已经确定，选用园林专用的地埋式灌水器进行喷灌，针对不同植物的需水特性选择不同灌水器；二是其他预留绿地，该区域在奥运会后，会对其景观功能作适当的调整，这部分区域内的乔木与灌木采用快速取水阀人工喷淋灌溉，对于大面积的草坪，选用移动式摇臂喷头灌溉。在重点区域，采用目前世界上应用比较广泛的中央计算机控制器控制系统进行自动灌溉，以充分分流为主导，尽量节省管网投资；并且该系统预留充足扩展能力，能够满足全园的灌溉自动管理。

除此之外，顺义奥林匹克水上公园工程中还运用了大功率轴流潜水泵等世界领先技术，并推广、

应用了住房和城乡建设部10项新技术中的9大项、27小项。在主要建筑物的外墙、外窗、外玻璃幕墙、屋面均采用了高效外墙保温技术，完全符合公共建筑节能标准。永久建筑物外立面采用固定遮阳百叶。庭院部分采用了太阳能路灯作为景观照明。为进一步实现节约能源与利用清洁能源的要求，公园修改了原直燃机组空调，对永久建筑物采用水源热泵技术提供能源，水源取自120~160m深井，满足了场馆冬季供暖和夏季供冷的需求，有效控制了废物排放(图30、图31)。

五、综合效益分析

本工程通过采用大量的新技术以及专项技术的开发利用，在水土保持、绿色环保、资源节约、科学节水、节约耕地等多方面做出了突出的贡献，其社会效益十分

一	地基基础和地下空间工程技术	1	水泥粉煤灰碎石桩(CFG桩)复合地基成套技术
		2	复合土钉墙支护技术
二	高性能混凝土技术	3	自密实混凝土技术
		4	改性沥青路面施工技术
三	高效钢筋与预应力技术	5	HRB400级钢筋的应用技术
		6	粗直径钢筋直螺纹机械连接技术
		7	无粘结预应力成套技术
四	新型模板及脚手架应用技术	8	清水混凝土模板技术
		9	碗扣式脚手架应用技术
		10	市政桥梁脚手架施工技术
五	钢结构技术	11	钢结构施工安装技术
		12	钢结构的防火防腐技术
六	安装工程应用技术	13	金属矩形风管薄钢板法兰连接技术
		14	给水管道卡压连接技术
		15	电缆敷设与冷缩、热缩电缆头制作技术
		16	火灾自动报警及联动系统
		17	安全防范系统
		18	综合布线系统
		19	电源防雷与接地系统
七	建筑节能和环保应用技术	20	新型墙体材料应用技术及施工技术
		21	节能型门窗应用技术
八	建筑防水新技术	22	高聚物改性沥青防水卷材应用技术
		23	合成高分子防水卷材
		24	建筑防水涂料
		25	刚性防水砂浆
九	施工过程监测和控制技术	26	施工控制网建立技术
		27	深基坑工程监测和控制

序号	新技术名称	经济效益分析	社会效益分析
1	赛道微污染水处理技术	每年可以节约赛道补水44万t 可以节约运行成本约160万元	减少对环境的污染，实现整个水上公园污废水"零排放"的目标
2	中水处理技术	每年可以节约喷灌用自来水3万t 可以节约运行成本约10万元	减少对环境的污染，实现整个水上公园污废水"零排放"的目标
3	雨洪综合利用技术	每年可以节约赛道补水12万t 可以节约运行成本约40万元	节约了宝贵的水资源
4	赛道防渗技术	每年可以节约赛道补水15万t 每年节约补水费用达50余万元	有效地节约了宝贵的淡水资源。同时比起其他防渗措施来，更好地保护了周围环境
5	大方量劣质土方调配、平衡综合利用技术	节约弃土和黏土采购费用数百万元	"一车土不运出，一车土不买进"，不但会减少工期，节省造价，节约了耕地资源，也有利于北京的生态和环境
6	劣质土应用研究	节约弃土和黏土采购费用数百万元	避免了黏土的外购以及劣质砂土的外运，保护了赛场周边及北京市的生态和环境
7	土工格栅加筋挡墙技术	与重力式挡墙及其他结构形式相比，能较显著地节省材料，降低造价幅度一般在10%~50%	填料来源广泛，也可就地取材，避免了填方对优质黏土的依赖，减少施工对耕地及环境的影响
8	扬尘综合治理技术	综合技术的应用 节约覆盖费用20余万元	减少环境污染
9	中央计算机控制自动灌溉技术	平均节水25%~45% 可以节约运行成本约20余万元	节约了宝贵的水资源

显著。通过总承包单位的精心管理、严格要求，工程质量、安全文明施工、工期控制均达到了预期的效果。

工程获得"2008"工程指挥部办公室"绿色施工优秀工地"奖杯；荣获2006年"北京市文明安全样板工地"。

工程质量获结构长城金杯，已申报市政竣工长城杯，并已做好申报鲁班奖的准备。

场馆竣工后，在2007年8月经过了"好运北京"测试赛的考验，国际赛联、国际划联及各国运动员均对场馆予以高度评价，业主非常满意。国际划联激流回旋委员会主席让·普罗诺赞誉顺义奥林匹克水上公园是"国际一流水准"。

六、示范工程建设体会

随着现代科学技术的不断推陈出新，建筑领域的技术含量也在逐渐增加。科学技术实力也成为一个企业保持永久生命力和战斗力的根本保证。只有不断的创新、探索、应用、总结，才是企业在激烈竞争的环境中生存的根本保证。这是市场的需求，也是建筑业发展的必然途径。

顺义奥林匹克水上公园工程通过开展创建示范工程，凭借新技术的推广应用圆满实现了"科技奥运、绿色奥运"的理念，为项目创造了良好的经济效益和社会效益，提高了工程质量，加快了施工速度，锻炼了管理人员的能力，提高了团队素质。

几年来，我们始终以探索创新贯穿项目管理全过程，有策划，有研究，有实施，有总结，有改进。通过全体工程技术人员及建设者的不断努力，该项目在工程技术及质量方面获得并超出了预期效果，结构长城杯两次检查共获得了10个精，获得了结构"长城杯"金奖和北京市文明安全样板工地称号。工程在推迟两个月进场的情况下，提前5个月实现了整体竣工，比计划工期提前了7个月完成建设任务。

本工程全面应用计算机进行了规范化的施工管理和网络化的项目管理。网络化信息管理是未来管理的基本模式，它集信息传递、数据传递、资源共享于一体，高效、快捷的办公效率必将成为建筑工程管理的必然趋势。

现代建筑设计构造越来越复杂、综合性越来越强、新材料应用越来越多，同时业主和社会对于施工质量要求和期望也越来越高。因此，施工难度也越来越大。怎样在满足成本控制、进度控制的前提下，在保证良性的项目运作过程中坚持技术创新是我们一直思索的问题。我们不仅仅是进行一项大型工程的建设，更重要的是新工艺的探索、施工经验的积累，为同行解决类似问题积攒了宝贵的经验。⑥

中央电视台新台址主楼结构施工

◆ 彭明祥

(中国建筑股份公司, 北京 100037)

"中国十大新建筑奇迹"和"当今全球建设中十大'最强悍'工程"之一的中央电视台新主楼是目前世界在建的最大单体高端项目之一, 是我国最大的公共文化设施建设项目, 具有体量庞大、结构独特、施工技术难度空前等特点。建筑面积 47.3 万 m², 高237m。工程混凝土总用量 30 万 m³, 总用钢量 22 万 t, 其中钢结构用量 14 万 t, 为房建领域世界单体建筑之最。工程于 2005 年 4 月 28 日开工, 2008 年 3 月 27 日主楼钢结构全面封顶, 被国内外建筑界业内人士和新闻媒体誉为"中国建筑发展史上新的里程碑, 开启了挑战极限、破解世界性技术难题的新时代"。

一、主楼结构特点、施工难点分析

两座塔楼各自整体双向倾斜 6°, 内部核心筒及内柱竖直。塔楼外框筒由水平边梁和双向倾斜柱、支撑形成三角形单元模块, 外框筒与屋顶连接成整体, 形成主楼的主要抗侧力结构体系。塔楼 1 悬臂外伸67.165m, 塔楼 2 悬臂外伸 75.165m。悬臂结构共 14层, 从塔楼 37 层至顶层外伸, 悬臂底面为水平, 标高162.200m, 顶面与塔楼屋顶位于同一个倾斜面内。

工程主要采用 Q345、Q345GJ、Q390、Q420、Q460等钢材, 在结构重要部位大量采用 Q390 钢材, 部分采用 Q420、Q460 钢材。

1.钢结构工程量大, 分布范围广

钢结构总量 14 万 t, 钢构件数量 5.3 万件, 安装过程中将使用高强螺栓 95 万套, 压型钢板 29.6 万 m², 栓钉 219 万套, 防火涂料 56.7 万 m²。钢结构呈立体分布, 地下 3 层, 地上 52 层, 水平投影面积为162.5m×162.6m。

2.结构倾斜, 水平和垂直运输难度大

两座塔楼双向向内倾斜 6°, 从柱底到柱顶钢柱水平直线偏移达到 36.955m。为了能够始终覆盖到所有钢构件并满足起重要求, 所采用的大型塔式起重机的起重能力和提升速度成为影响施工进度的重要因素。

3.悬臂安装难度大

塔楼 1 和塔楼 2 在 37 层开始向外悬挑, 并在高空折形对接, 由于悬臂外伸长度大于塔楼长度, 悬臂部分的重心已超出两塔楼的外框支承点连线。悬臂底部 37~39 层桁架钢结构安装是本工程施工难度最大的部分。

4.预调和结构变形控制

施工各阶段包括主体钢结构、楼面混凝土、幕墙、内装饰、机电设备等专业内容, 随着结构自重、活荷载、温度荷载、风荷载、柱的徐变和收缩及基础相对沉降等不断变化,将对塔楼产生不同的作用效应,特别是在悬臂施工的各个阶段,预值和变形测控在整个施工中至关重要,也是保证结构最终状态的关键。

5.测量控制要求

随着钢结构安装进入到每一阶段,受结构自重、风荷载、日照和温差等天气变化的影响,钢结构构件在三维方向上不断发生变化,运用合理的测量控制方法,实时监测结构变形,确保安装预调精度,对测量控制提出了非常高的要求。

6.焊接工作量大,质量要求高

钢结构焊接工作量大且结构形式复杂,绝大部分焊接部位钢板厚度达到40mm以上,最厚钢板达到135mm,使用钢材Q420、Q460强度较高,焊接拘束度高。斜立向、超厚板焊缝单根长度最长达14.88m。

节点部位焊接量大,焊缝集中,复杂接头的焊缝金属填充量达到了节点重量的1.5%,焊接材料共6 000t,控制焊接变形、消除残余应力、防止层状撕裂、冬期焊接施工是本工程钢结构焊接质量控制的重点内容。

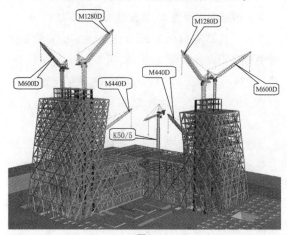

图1

图2

7.安全防护要求高

大量倾斜构件在形成框架前需采用临时支撑加固措施保证其稳定。倾斜构件和悬臂部分构件为悬空安装,安全防护操作平台搭设困难,这部分的安全措施设置尤其重要。

二、主楼钢结构施工技术

1.大型内爬塔式起重机的使用

根据本工程的特点,选用2台M600D和2台M1280D内爬塔式起重机负责两个塔楼及悬臂部分构件的吊装。选用2台M440D附着式塔式起重机和1台K50/5附着式塔式起重机负责裙楼部分构件的吊装。

其中M1280D塔式起重机是目前国内房屋建筑领域使用的起重量最大的塔式起重机,其标准节高度56m,起重臂长度73.4m,双绳最大起重量为80t。在塔楼施工过程中塔楼1所使用的M1280D塔式起重机共爬升11次,塔楼2所使用的M1280D塔式起重机共爬升14次。为进行倾斜塔楼和悬臂施工,还需要进行多次塔式起重机空中移位安装。

主楼外框筒结构抗侧刚度大而核芯筒抗侧刚度较小,原结构设计时侧向作用力未考虑核芯筒的侧向刚度,核芯筒结构仅承受竖向荷载作用,与通常的高层建筑不同。塔楼内两台大型塔式起重机分别布置在核芯筒内,由于原结构钢梁截面较小需要采用其他临时的塔式起重机支撑大梁,同时对主楼核芯筒侧向刚度相对薄弱的情况下塔式起重机运行时的结构阶段进行分析和必要的结构加固(图1、图2)。

2.倾斜钢结构安装

1)结构预调值计算分析与修正

倾斜塔楼在施工各阶段不同荷载的变化情况下,两塔楼的水平位移和竖向位移不断发生变化,为了使结构完成以后,在主要荷载作用下构件位置达到设计要求,必须对结构进行整体预调。根据工程结构的特征,以及施工前拟定的施工步骤,进行结构施工工况分析,从而计算出构件的预调值,用于指导构件的加工预调以及安装预调。

构件的加工预调值等于构件的加工长度与构件设计长度的差值,用来补偿施工过程中构件的轴向压缩和拉伸所产生的变形。长度调整范围在3mm以内的,通过调节安装间隙实现;超过3mm的,则在工厂加长调整,并调整构件端部角度。

构件的安装预调值等于构件节点的安装坐标与构件节点设计坐标的差值,用来补偿施工过程中构件节点所产生的位移。主要通过焊缝间隙与角度调整,钢梁与柱间螺栓长孔调整。

在施工中,根据理论计算的预调值,控制外筒钢柱和部分内筒钢柱的顶部,以及悬臂外框边梁端部的空间三维坐标进行加工或安装预调整。构件安装就位之后,还需要设定多个观测点,进行动态监测实际变形情况,将实测数据与理论计算比较,及时对上部各阶段的预调值进行修正。

2)外筒钢柱的测量定位

对于主楼双向倾斜的复杂结构,采用常规方法对平面和高程进行基准传递与测量控制,会受施工环境条件限制和干扰,测量误差累积严重,作业难度大,不能精确、有效地对复杂结构的三维空间动态变形进行实时控制。如何实现倾斜复杂结构在施工中的动态定位和构件快速准确就位,这就需要在传统

的测量技术上进行改进,以满足安装精度要求。

外筒钢柱的测量定位主要采用全站仪测量三维坐标定位。首先计算出钢柱在预调之后的安装坐标值,并在每节钢柱选取四个点位进行坐标控制,这是钢柱吊装就位时的唯一控制依据,在制作阶段就需要在构件上对这些点位进行明显标识。钢柱安装坐标控制点选取如图3所示。

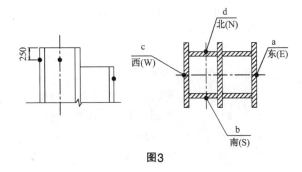

图3

3)倾斜结构的安装

由于外框钢柱双向倾斜,大部分构件属于超重构件,临时连接处比较复杂,安装就位时采用双塔式起重机(M1280D和M600D)同时作业,以M1280D为

第一步:用M1280D塔式起重机安装无蝶型节点的一根外框钢柱。

第二步:拉设外框轴线方向的缆风绳。

第三步:保持M1280D塔式起重机不松钩,用M600D塔式起重机安装此钢柱与内柱之间的钢梁,对钢柱校正到位。

第四步:同样的方法安装相邻的另一根无蝶型节点的外框钢柱,并对钢柱校正到位。

第五步:安装中间蝶型节点钢柱,M1280D不松钩,用M600D吊装与两侧外框筒柱间钢梁以及与内筒连接的钢梁,对蝶型节点校正到位。

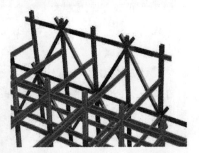

第六步:用同样的方法从此单元向另一边依次安装,并最终完成整个外框柱、梁、支撑的安装。

图4

主塔式起重机，M600D 为辅助塔式起重机。前者吊装钢柱时，后者配合安装外框柱与内筒之间的钢梁，同时钢柱安装到位后用缆风绳和刚性支撑或安装结构梁进行临时固定。

外框筒双向倾斜钢柱、梁、支撑的安装步骤示意如图4所示。

3.现场超长焊缝焊接

尽管采用了大型起重设备，但仍有少量塔楼外框筒钢柱因超重，按设计要求不能再分节，必须对节点进行分离吊装，在节点分离部位形成长达14.88m的超长斜立向焊缝，见图5。

在最大节点部位焊缝金属填充量为 1 100kg(两条对称焊缝)，52 名合格焊工连续焊接约70h完成。根据规范要求在焊接完48h后用超声波对焊缝进行夹渣、气孔、裂纹等内部缺陷探伤检测，15d 后用超声波进行延迟裂纹检测，以确保焊接质量。

施工中，项目将半自动药芯焊丝 CO_2 气体保护焊接技术成功运用于复杂节点、超大(重)型构件的高强厚钢板现场超长斜立焊接，同时采用电脑自动控温，密集电加热；多人同步对称，分段分层焊接和防焊接变形加固与实时位移监测等关键技术，一举攻克技术难关，为国产厚钢板在建筑钢结构领域中广泛应用创造了成功范例。该焊缝共 10 件，为复杂钢结构超大、超重型构件安装施工提供了一套崭新思路和方法，国内乃至国际极为罕见，为今后类似工程的理论和实践开了先河。

4.变形监测

塔楼为倾斜结构，而且在施工过程中容易受到温度、日照、风等外界因素的影响，为研究塔楼的变形情况，利用测量机器人对塔楼的变形进行了连续24h的监测。

首先在外围的控制

图5

点(GP4)上固定设站，对塔1、塔2部分可视的变形监测点进行观测，随着塔1、塔2楼层的不断增加，每隔4层增加一层小棱镜，见图6。

开始观测前，用钢卷尺测量仪器高，输入到仪器中。利用温度计测量大气温度，输入到全站仪中，进行改正。利用 Leica 的 Mointoring 变形监测软件，全自动化对视场所有监测点进行观测。

在观测过程中，智能全站仪 TCA 2003 先进行学习，人工对监测点的目标进行观测，并将观测数据保存在 learned 文件中进行记忆，设置每次观测时间间隔为 30min，然后进入观测程序，测量机器人根据设置进行全自动观测，整个观测期间不需要人工干预。观测工作完成后，利用 PC 机与智能全站仪 TCA 2003 连接，由 Leica 的数据通信软件将所有监测数据导出到电脑中，以文本格式保存形成观测成果。

5.悬臂施工

1)方案确定原则

根据悬臂结构的体形特征和单个构件的重量，为了使构件应力和位移控制满足设计要求，保证结构安全，两段悬臂需以最小自重在短时间内迅速完成合龙。

在没有合龙之前，两座塔楼分别单独施工，悬臂

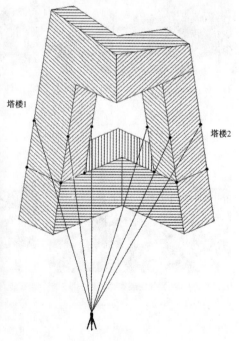
图6

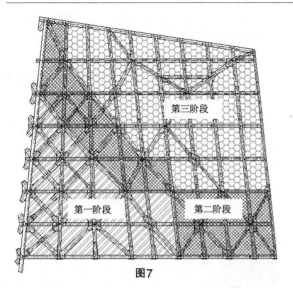

图7

部分逐渐向前延伸，各自承受结构自重和外界荷载的作用，结构的应力和变形相对来说比较简单，一旦将两座塔楼的悬臂部分连接（即合龙连接），相当于将两个独立的主体通过合龙接头连接在一起，两座塔楼的变形差异以及结构整体自重和外部荷载作用下在合龙部位将产生较大的应力。因此悬臂合龙的关键是选择合理的时机，采取适当的合龙接头形式，确保合龙部位的结构焊缝完成。

2）方案概述

经与整体提升安装、原位胎架组装等安装方法比较，选择"两塔悬臂分离安装、逐步阶梯延伸、空中阶段合龙"的安装方法，见图7。

即在平面上以跨为单元，在立面上分成三个阶段，以悬臂外框和底部"基础性"构件为依托，利用大型动臂塔式起重机进行高空散件安装，分别从两座塔楼逐跨延伸、阶段安装成型；分三次合龙完成悬臂最关键的部位——转换层结构，从而为悬臂上部结构安装创造良好的施工平台。

在延伸安装中，通过设置具有临时稳固和定位校正双重作用的刚性支撑和高强钢拉杆等特殊安装措施，采用先进的测量仪器进行实时跟踪监测，以实现构件的空中悬挑安装。

受自重影响，悬臂会出现下挠，为保证在使用状态下悬臂底部处于水平状态，施工时，需要进行反变形预调处理，根据内业计算分析的预调值结果，采取工厂制作预调和现场安装预调相结合，在安装中将

理论变形值与实际变化对照，及时修正预调值，使结构的变形处于可控状态。

3）悬臂施工工况

悬臂结构分为三个阶段进行施工：

其中，第一阶段为悬臂结构逐步从两塔楼向外延伸；第二阶段主要为悬臂底部的 F37~F39 层转化桁架层施工；第三阶段为依次向上施工悬臂的剩余部分。

第一阶段的典型安装工况见图8；

第二阶段的典型安装工况见图9；

第三阶段的典型安装工况见图10。

4）悬挑构件吊装

悬臂主要以底部的悬挑边梁和桁架下弦为基础构件，因所在部位特殊，连接接头较多，构件截面不

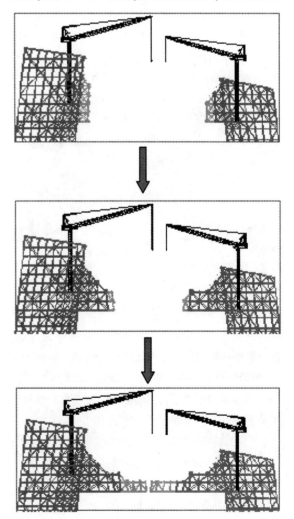

图8

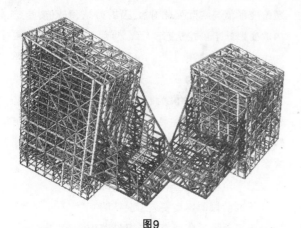

图9

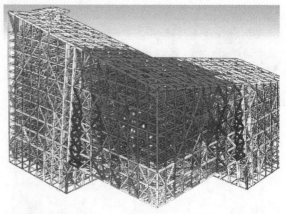

图10

规则性较强,单件最重达41t,单件长约10m,如何保证大、重型复杂构件在悬挑状态下的准确就位和空间稳定性,为其他构件安装提供良好的连接基准点,直至最终顺利合龙,这就需要有可靠的临时支撑系统和定位校正系统,以确保结构的空间稳定性和安装定位的准确性。因此主要采用了斜拉双吊杆与水平可调刚性支撑相结合的精确定位工艺(图11)。

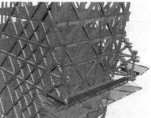

图12

图11

5)大型轨道式移动平台(图12)

重型转换桁架安装之前,与转换桁架连接的外框构件和桁架下弦跨中的连系梁已安装焊接完成,并设置好高强钢拉杆稳固、校正系统和临时加固支撑,为转换桁架提供可靠的支承点。之后,安装跨越外框的40m大型轨道式移动平台,此平台在悬臂施工中主要有三个功能:

(1)为转换桁架安装提供操作平台和安全防护;

(2)为悬臂底部构件安装的安全防护的搭设提供支撑;

(3)为悬臂底部的幕墙、防腐、防火涂装提供安全作业平台。最后按照先两侧后中间的顺序对桁架

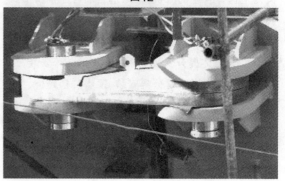

图13

杆件进行安装。

6)临时合龙连接接头(图13)

合理的时机是指悬臂合龙之后,悬臂合龙部位两侧的相对变形应在合龙施工阶段尽可能小;适当的合龙接头形式要求满足以下条件:

● 方便悬臂合龙接头能快速完成;

● 能承受合龙两侧结构变形差异及结构整体自重和外部荷载作用下所产生的应力;

● 不影响结构合龙部位结构焊缝的现场施工。

由于悬臂合龙构件在合龙过程中,不利工况下内力最大达到 4 975kN,而合龙构件为高强厚板全熔透焊接连接固定,焊接质量高、焊接时间长,每个焊接点需要两名焊工至少连续焊接 16h 才能完成。构件两端受工艺限制,不能同时焊接,因此为了保证两段悬臂能在最短的时间内连接上,避免受日照、温度、风载等外界因素影响而破坏焊接,需要设计临时的合龙连接接头。

经过计算,合龙构件端部两侧和下方设置 3 块高强销轴连接卡板,卡板材质为 Q345B,厚 70~120mm;销轴材质 40Cr,直径为 71~121mm。

三、钢结构施工成果

在悬臂结构施工过程中,项目提出被专家一直认为"符合工程特点,能满足工程设计和施工要求"的"两塔悬臂分离,逐步阶梯延伸,空中阶段合龙"的安装思路和方法,并根据专家意见,结合现场实际,对施工方案进行大量的深化、细化工作。先后完成《CCTV悬臂合龙方案结构分析报告》,准确地反应了实际工程进度和结构实际变形、受力情况等力学特征;编制《悬臂安装施工阶段监测方案》,确保构件安装空间位形满足设计要求;制订《主楼悬臂安装专项安全方案》,自行设计并在悬臂下方安装两部大型移动平台用作作业人员安全操作平台,以确保高空作业安全。项目完成方案交底、安全技术交底后,现场进行了悬臂施工措施安装演练,大型移动平台的制作、运行验收。

两座塔楼的悬臂钢结构施工分别于 2007 年 8 月和 10 月初启动,悬臂部分桁架、节点进行了出厂前的预拼装。现场于 12 月 8 日顺利完成首次七根杆件安装合龙。12 月 26 日,实现全部合龙。2008 年 3 月底实现了主楼钢结构封顶。施工中,项目部完成钢结构深化设计图 42 028 张,主楼四台大型塔式起重机累计爬升 50 台次,空中移位安拆 7 台次。现场焊缝无损检测一次合格率主楼为 99.79%、悬臂为 99.92%,二次合格率为 100%;第三方焊缝复检及北京市质量监督总站抽检,结果全部合格。

为确保施工完成后结构的实际位形和设计位形一致,项目在施工前对所有钢构件进行了预调处理。鉴于主楼结构变形的复杂性、结构施工过程长以及

理论计算与实际工况之间的差异,为监测塔楼的变形情况,项目部对此进行了全面、周密的策划,对测量一级控制网、底板不均匀沉降、塔楼的平面和高程变形情况、关键构件的应力变化、悬臂结构的平面和高程变形情况、24h 不间断连续监测等进行了多项监测工作。钢结构安装精度和构件应力值始终保持在预控范围之内。

2008 年 10 月,经过对主楼结构的最终测量验收,塔楼 1 结构顶标高偏差为:$\Delta Z=8mm$,塔楼 2 结构顶标高偏差为:$\Delta Z=23mm$,其建筑物总高度均满足《钢结构工程施工质量验收规范》(GB 50205—2001)的要求;同时,悬臂屋顶最远角点的标高偏差为 $\Delta Z=35mm$,F37 层最远角点(即悬臂底部水平标高)的标高偏差为:$\Delta Z=50mm$,满足设计要求的施工完成后底部不下挠的要求。

塔楼 1 屋顶四角点的水平偏差最大值为:$\Delta X=6mm$,$\Delta Y=-7mm$,塔楼 2 屋顶四角点的水平偏差最大值为:$\Delta X=-8mm$,$\Delta Y=7mm$,其建筑物的整体垂直度均满足《钢结构工程施工质量验收规范》(GB 50205—2001)规定的不大于 50mm 要求,同时两塔楼建筑物的平面弯曲也满足规范规定的 $L/1 500$ 且不应大于 25mm 要求。对 F37 层即以上楼层,塔楼 1、塔楼 2 和悬臂组成的平面,最大平面弯曲为 19mm,满足《钢结构工程施工质量验收规范》(GB 50205—2001)规定的 $L/1 500$ 且不应大于 25mm 要求。

四、项目管理简介

1.总承包管理模式

"中国建筑股份有限公司央视新址工程总承包项目部"由中建三局建设工程股份有限公司、中建国际建设公司、中建一局建设发展公司联合组成,直属中国建筑股份有限公司总部管理,接受"中国建筑股份有限公司 CCTV 项目管理委员会"的直接领导,代表总公司履行施工总承包责任。管理人员从三家股东单位选派,三家内部单位在项目实施过程中不实行划块施工或分片管理。这种总公司内部强强联合的做法,在央视工程投标中获得成功后,又在项目管理中充分体现出集团技术优势和实力。

按"项目一体化管理、资源统一调配、成本统一

核算"的原则实施项目管理。除钢结构安装以外，钢筋混凝土结构工程、钢构件供应、总包自行完成的装修及机电预留预埋等工程实行项目统一管理，由总承包项目经理部直接组织施工。钢结构安装由中建钢构股份公司实施。

2.质量管理

项目"以预防、预控为前提，以加强过程监督、控制、检查为手段，以'结构长城杯'为最低要求，以不断持续改进为总体方向，为创'建筑长城杯'金奖和鲁班金像质量目标"的质量工作总体思路，提高标准，做好整体策划，邀请专家培训，划小责任单元，层层落实责任。项目已三次接受结构长城杯检查，成为目前北京通过"长城杯"检查最大单体项目，已确保获得北京市"结构长城杯"金奖。主体结构已于 2008 年 10 月 10 日通过由建设、监理、设计、勘察等单位组织的联合验收，工程质量达到验收规范标准要求。

2006 年以来项目荣获全国 QC 成果发布赛一等奖、二等奖各三项。"提高 HRB400-50mm 钢筋剥肋滚压直螺纹连接丝头加工一次合格率"、"提高现场高强钢超长超厚斜立焊缝焊接优良率"、"提高冷却水管道化学外镀膜施工质量"等 3 项 QC 成果获全国一等奖；"确保大直径预应力倾斜锚栓施工质量"、"消防水系统压力试验方案实施质量控制"和"提高超大跨度菱形幕墙钢格构安装精度"获二等奖。此外，项目两个 QC 小组在 2007 年国际质量管理会议暨全国第 29 次质量管理小组代表会上受表彰，双双荣获"全国优秀质量管理小组"称号。

3.安全管理

在开工以来，项目建立健全安全生产保证体系，加强安全合同管理和分包进场交底教育，创新安全交底方式和加大安全生产投入基础上，坚持"安全第一、预防为主"的方针，进一步建立健全"项目经理亲自抓、分管领导具体抓、分包队伍时时抓"，一级抓一级，层层抓落实的责任制，形成了由点到面的"全员、全方位、全过程"的安全管理新格局，使项目安全生产始终处于受控状态。截止今天，项目安全管理工作始终处于受控状态。

在北京市消防局、市政府 2008 工程建设指挥部办公室举办的北京市消防技能大比武中，项目荣获施工现场消防安全管理竞赛优胜奖。2007 年 7 月，北京市建委在项目召开现场会，央视项目荣膺"北京市安全质量标准化示范工地"称号。在 2007 年 9 月全国工程监督执法和安全隐患排查治理检查中，获得建设部检查组的好评。2008 年，项目又获得"北京市安全文明样板工地"称号，并在奥运前圆满完成了各项工期节点，实现了主楼外形整体亮相的既定目标。奥运期间，确保了设在现场的中央电视台奥运会新闻报道中心的正常运行。

4.信息化技术

项目建设了"一个平台"(网络平台)、"三大系统"(办公自动化系统、项目管理信息系统、远程视频监控系统)，借助信息化手段对项目成本、工期、质量、安全和行政办公进行辅助控制和管理，将施工过程信息进行有效处理，并在参建各相关方之间建立通畅、快捷的信息交流渠道，从而实现了项目管理现代化。

五、其他技术创新成效

项目针对诸多世界性技术难题，充分依靠总公司专家委和项目专家组的强大后盾，把新技术应用推广、技术创新活动贯穿工程始终，先后组织了超厚大体积混凝土施工、大型塔式起重机爬升及加固、变形监测及预调值实施、C60 钢纤维混凝土配制与泵送、外框筒 SRC 柱双向倾斜液压爬升、悬臂钢结构施工等技术攻关。

主楼底板最厚处达 10.9m，平均厚度达 4.5m，混凝土总用量 12 万 m^3。经过调研、分析、试验研究，以超大掺量粉煤灰降低混凝土发热量为技术基础，通过数值模拟混凝土温度场及应力场，论证了不设降温水管、蓄热保温法施工的可行性。在施工中进行全过程信息化控制，一次性连续浇筑混凝土最大量为 3.9 万 m^3，平均每小时 720m^3，实现了超厚大体积底板一次浇筑无裂缝的施工成果。底板采用的 HRB400 直径 50mm 大直径钢筋更是开国内外建筑工程领域使用如此大直径钢筋之先河，项目部研究了钢筋的半成品加工、现场绑扎、连接、支撑加固等技术并得到了成功应用。

结构在风荷载或地震等侧向力作用下外框

钢柱产生很大的拔力，其中单根钢柱最大拔力为87 524kN，设计采用了M75规格的高强预应力锚栓进行钢柱脚与筏板连接以抵抗拔力，锚栓最长为6 307mm，且锚栓双向倾斜6°布设，锚栓抗拉极限强度为1 030N/mm²、屈服强度为835N/mm²。塔楼1、塔楼2和裙房的外框柱共97根，除12根钢柱为埋入式钢柱外，其他外框钢柱都设计有大直径高强预应力锚栓，共计锚栓586根。项目部对双向倾斜大直径锚栓高强预应力锚栓的安装技术进行了深入的研究和开发，形成了包括锚栓装配设计技术、锚栓精确定位埋设技术、锚栓的预应力张拉技术、灌浆技术和高强锚栓检验技术等成套施工技术，并且实际施工效果非常显著。

主楼结构受力体系为外筒受力体系，塔楼外框筒由97根双向倾斜的大型劲性混凝土柱构成，其中劲性柱最大截面尺寸达2.4m×1.9m，且采用C60掺钢纤维自密实混凝土，国内外没有类似工程经验。项目部通过充分的理论分析和大量的试验研究，开发并形成了包括C60钢纤维自密实混凝土制备与超高泵送技术、双向倾斜独立式液压爬架的应用技术、双向倾斜劲性柱模板支设技术以及复杂节点钢筋绑扎技术等，在该领域的施工技术发展达到了新的高度。其中C60钢纤维自密实混凝土泵送施工高度超过200m，创造了国内外在该领域的新纪录。

技术创新不仅有力保证了工程顺利实施，而且已经取得一项国际领先、三项国际先进的技术成果，获得第四届中建总公司科技进步二等奖2项、三等奖2项。项目还获得《高强异型节点厚钢板现场超长斜立焊施工工法》(YJGF 115-2006)和《双向倾斜大直径高强预应力锚栓安装工法》(YJGF 124-2006)两项国家一级工法，10项专利。形成的《央视新址主楼钢结构施工质量验收标准》和《倾斜式钢柱脚大直径高强度预应力锚栓验收标准》等，丰富了"中国建筑"技术质量标准体系，为国内高难度钢结构施工质量标准和相关技术规范标准的制订提供了借鉴和参考。⑤

中国建筑业协会建造师分会开展全国优秀建造师评选

为提高工程建设管理水平，表彰和鼓励在建设工程项目管理中，模范遵守行业法律法规、职业道德和执业规范，并做出显著业绩的建造师，根据中国建筑业协会建造师分会第一届理事会的决定，开展全国优秀建造师评选活动。

评选范围包括在建筑业企业中持有一级注册建造师执业资格证书，从事工程管理、技术工作的本会会员。

符合下列"基本条件"并具备"优秀条件"之一的建造师，均可申报全国优秀建造师：

(一)基本条件

能够认真学习实践"三个代表"重要思想，落实科学发展观，严格执行国家法律规定和标准、规范，恪守职业道德，具有一级注册建造师资格，大学(含)以上相关学历和中级(含)以上专业技术职务，独立主管二个及以上工程项目技术、管理工作，业绩突出。

(二)优秀条件

1.创新能力强。重视新理论、新技术、新工艺、新材料、新设备的学习与采用。积极开展技术创新工作，本人或以本人为主获得一项及以上国家级或省部级工程技术创新奖。

2.工作业绩突出。在工程质量、环保和节能等方面工作业绩突出，获得一项及以上国家级或省部级奖励。

3.获得过全国劳动模范称号和"五一"劳动奖章，现仍保持荣誉的。

工程实践

喷锚网支护在高陡边坡
防护工程中的应用

于明镇[1]，李海松[1]，楼文辉[2]

(1.浙江省浦江县公路管理段，浙江 浦江 322200；2.浙江省浦江县交通局，浙江 浦江 322200)

摘　要：喷锚网支护是目前高陡边坡防护工程中采用较多的一种支护方式。它是喷射混凝土、锚杆、钢筋网联合支护的简称，作为一种先进的支护加固技术。喷锚网支护是通过在岩土体内施工一定长度和分布的锚杆，与岩土体共同作用形成复合体，弥补土体强度不足并发挥锚拉作用，使岩土体自身结构强度潜力得到充分发挥，保证边坡的稳定。坡面设置钢筋网喷射混凝土，起到约束坡面变形的作用，使整个坡面形成一个整体。

关键词：喷锚网，边坡防护，设计，施工，检测

一、概　述

喷锚网支护是靠锚杆、钢筋网和混凝土共同工作来提高边坡岩土的结构强度和抗变形刚度，减小岩(土)体侧向变形，增强边坡的整体稳定性。主要适用于坚硬岩层，但风化严重、节理发育、易受自然营力影响、导致大面积碎落，以及局部小型崩塌、落石的岩质边坡；岩性较差、强度较低、易于风化的岩石边坡。如20省道浦江段第四标左右隧道洞门口上面边坡，左右洞隧道口之间右侧边坡高度达40m左右，以及K46+160~K46+700段因深切路堑，造成左边坡高达35m，右边坡高5~6m的高陡路堑土石质边坡。施工单位对高陡路堑挖土石方后，高陡边坡坡面上的土石质岩性较差、强

度较低、易于风化，时刻有剥落、崩塌现象发生，严重影响后续工序的施工和将来的营运安全。为了使松散土石质边坡不出现剥落、崩塌现象，确保行车安全，经技术经济比较，决定采用喷锚网支护方案进行防护。

二、设计方案及材料要求

20省道浦江段第四标段隧道口、左右隧道口之间边坡以及K46+160~K46+700段边坡，边坡坡面上土石质岩性较差、强度较低，局部有层面张开裂缝，边坡破碎松散，时刻有剥落、崩塌现象发生。我们根据路堑边坡现状，将需要加固防护的边坡分喷锚挂网防护和素喷混凝土防护两种类型；对边坡较高、坡面松散剥落严重，且剥落岩层较厚的

36　　　　　　　　　　　　　　　　　　　　　　　　　　建造师14

地方采用喷锚网防护,如隧道口、左右隧道口之间边坡以及 K46+160~K46+530 段左边坡,就采用喷锚网防护;而对那些边坡较低,只有少量裂缝,剥落不严重的地方则采用素喷混凝土防护,如 K46+530~K46+700 左侧边坡因边坡较低,破碎不严重,采用素喷混凝土保护。

1.设计方案

20 省道浦江段第四标段隧道口以及 K46+161~K46+530 段喷锚网支护设计为:锚杆采用 $\phi25$ 钢筋,锚固深度视边坡岩层的破碎程度及破碎层的厚度而定,为了防止锚杆滑出,锚杆必须置于较好的岩层面以下一定深度,根据对土石质测定锚杆长度取 2~3m,锚杆孔的深度应大于锚固深度 20cm,并用 1:4~1:3 的水泥砂浆固结;锚杆间距采用 1.5m×1.5m,梅花型布置;钢筋网的孔眼尺寸采用 15cm×15cm 的方孔,钢筋采用 $\phi6$;喷射混凝土厚度 15cm,喷射混凝土强度等级为 C20 细石混凝土。K46+530~K46+700 段支护设计为:15cm×15cm 钢筋网片;10cm 厚素喷混凝土。

2.混合料的配合比设计

喷射混凝土水泥与砂、石之重量比为 1:2:2,水灰比与普通混凝土不同,一般在 0.4~0.5 之间为好,过大则喷射面会出现流淌或滑移现象,过小则料束分散、回弹增多,喷射面上出现干斑,影响混凝土的密实性。水灰比适当的混凝土表面略现光泽且不流淌。速凝剂的掺量为水泥重量的 2.5%~4%,过多会严重影响混凝土的后期强度。砂率宜控制在 45%~55%。

3.混合料的材料要求

喷射混凝土是水泥、砂、石加水和少量速凝剂,按一定的配合比混合而成的一种复合材料。要求水泥掺入速凝剂后,凝结快、保水性能好,早期强度增长快,收缩量较小,普通硅酸盐水泥比较符合这种要求。砂应选用硬质洁净的天然或机制的中砂或粗中混合砂。石子应选用坚硬耐久的卵石或碎石,粒径不宜过大。拌合用水应为不含有影响水泥正常凝结和硬化的洁净水。掺入速凝剂应符合质量要求,掺速凝剂后的喷射混凝土性能必须满足设计要求。

三、施工方法及技术措施

喷锚网支护的施工程序是:搭设脚手架→整修边坡→制作安装设施排水孔→第一次喷射混凝土→锚杆钻孔、注浆→钢筋网制作、挂网→第二次喷射混凝土→养生→拆除脚手架。现把各工序的施工方法及技术措施简述如下。

1.搭设脚手架

脚手架搭设前必须先对现有边坡的稳定情况进行观察,确定安全后再搭设脚手架。钢管支架立柱应置于坚硬稳定的土石质上,不得置于浮渣上;立柱间距 1.5~2m,架子宽度 1.0~1.5m,横杆高度 1.8m,以满足施工操作;搭设管扣要牢固和稳定;钢架与壁面之间必须楔紧,相邻钢架之间应连接牢靠,以确保施工安全。

2.坡面整修

由于现有的土石质边坡破碎松散且不平整,故必须将松散的土、浮石和岩渣清除干净。处理好光滑岩面;拆除障碍物;用石块补砌空洞;用高压水冲洗受喷面;对边坡局部不稳定处进行清刷或支补加固;对较大的裂缝进行灌浆或勾缝处理;在边坡松散空洞处和坡脚处设置一定数量的泄水孔,预留的长度根据现场确定布设。

3.喷射混凝土作业

(1)喷射作业前必须对机械设备、脚手架和电线等进行全面检查及试运转。

(2)喷射混凝土之前,用清水将坡面冲刷干净,湿润岩层表面,以确保一层后才进行定位;采用气腿式凿岩机钻孔,孔径 50mm;根据现场的情况确定锚杆深度一般为 2~3m,钻孔要垂直边坡面。锚杆采用 $\phi25$ 钢筋,间排距 1.5m,梅花型布置。

(3)如遇岩石过于坚硬须采取加水的方式钻孔,钻孔时必须随机钻速度钻进,不能强加压力冲钻,以免影响边坡岩石的稳定。

(4)采用压力泵将 1:1 的水泥砂浆注入锚孔。注浆时注浆管应插至孔底 8~10cm 处,随砂浆的注入缓慢匀速拔出。注浆要保证砂浆饱满,不得有里空外满的现象。

(5)注完浆后,立即插入锚杆,若孔口无砂浆溢出,应及时补注砂浆。

4.挂网

(1)先将圆盘钢筋(φ6)调直,按边坡形状尺寸取料加工,按网孔15cm×15cm的规格编织好钢筋网,分布要均匀,绑扎要牢固。

(2)编好钢筋网后,与锚杆交接处必须进行焊接,以保证喷射混凝土时钢筋不晃动。

(3)钢筋网必须紧贴混凝土表面,以保证钢筋网保护层厚度。

5.养生

(1)当最后一次喷射的混凝土完后2~4h内,即应开始喷水养护,每天至少喷水四次。养护时间一般不得少于10~14d。

(2)在终凝后第一次喷水养生时,压力不宜过大,以防止冲坏喷射混凝土防护层表面。

(3)在养生过程中如果发现剥落、外鼓、裂纹、局部潮湿、色泽不均等不良现象,应分析原因、采取措施进行修补,以防后患。

四、现场质量管理与检测

1.现场质量管理措施

(1)加强对操作人员的培训。尤其是喷射手、搅拌人员、喷射机操作人员,一定要选择责任心强、技术熟练的工人担任,以保证喷射混凝土的质量。

(2)严把钢筋、水泥、砂石、速凝剂等原材料质量关,并严格按配合比施工。

(3)合理选择施工设备、机具和施工方案。施工前选好设备、机具,良好的机具是保证质量的基础。在选择施工方案时,要深入调查,进行测试研究,采用工程类比法,优化选择适合本工程的支护方式和施工方法。

2.现场质量检测

(1)锚杆间排距检测

锚杆间排距是锚杆施工质量的一项主要考核指标,是锚杆能否发挥支护作用的保证条件之一。在20省道浦江段第四标段喷锚网支护工程中,我们在锚杆被喷射混凝土覆盖前,主要采用在工作面用尺直接量测的方式进行检测。检测结果符合《公路工程质量检验评定标准》。

(2)强度检测

喷射混凝土必须作抗压强度试验,试块在工程施工中抽样制取,在喷射作业面附近,将模具敞开一侧朝下,先在模具外的边墙上喷射,待操作正常后,将喷头移至模具位置,由下而上,逐层向模具内喷满混凝土。将喷满混凝土的模具移至安全地方,用三角抹刀刮平混凝土表面。在标准养护条件下养护7d后,将混凝土加工成边长为100mm的立方体试块。继续在标准条件下养护至28d龄期后,进行抗压强度试验。20省道浦江段第四标段喷锚网支护混凝土强度经检测符合技术规范要求。

(3)厚度检测

用凿孔法检测。根据《锚杆喷射混凝土支护技术规范》,"每个断面上,全部检查孔处的喷层厚度,60%以上不应小于设计厚度;最小值不应小于设计厚度的一半;同时,检查孔处厚度的平均值,不应小于设计厚度值。"20省道浦江段第四标段喷锚网支护混凝土厚度经检测结果符合要求。

(4)外观感检测

观感检测一般采用人工观测的方法,经过目测和实测。20省道浦江段第四标段喷锚网支护工程坡面平顺、线型流畅,无漏喷、离鼓、钢筋网外露现象,地表及坡面排水处理得当,无漏水现象,符合规范要求。

五、结 语

在高陡边坡防护工程中,应根据边坡岩土体现状,合理选择喷射混凝土的支护措施、结构设计方案。在施工当中要合理选择施工程序、工艺和技术措施,制定行之有效的现场管理措施,加强对喷射混凝土强度、厚度、锚杆间排距、钢筋网的间距、锚杆的抗拔力、喷射混凝土后外观感的监督、检测,使喷锚网支护在高陡边坡防护中达到设计目的,确保后续工序的施工和将来营运安全。⑥

参考文献

[1]中华人民共和国交通部发布.公路工程质量检验评定标准(JTGF 80/1—2004).

[2]锚杆喷射混凝土支护技术规范(GB 50086—2001).

大型矩形混凝土筒仓结构体系的探讨

唐晓丽[1]，谭艳芳[2]，屈文俊[3]

(1.中国建筑标准设计研究院，北京 100048；2.中国建筑设计研究院(上海)，上海 200120；
3.同济大学建筑工程系，上海 200092)

摘　要：钢筋混凝土筒仓作为一种特种结构，在工业生产中起着十分重要的作用。长久以来，我国贮仓，尤其是大型筒仓，其形式主要为圆形，其他形式的大型筒仓较为少见。但随着工业工艺的发展需要，其他形式，诸如大型矩形筒仓也越来越为工业建筑所需要，而对于此类形式的结构体系的研究尚很缺乏，大型钢筋混凝土矩形筒仓沿用传统的设计方法进行设计已不能满足设计要求。本文利用有限元分析软件研究分析了圆形和矩形筒仓的优缺点，并根据矩形筒仓的受力特点提出了四种矩形筒仓结构体系布置，经分析比较，四种方案能够有效地改善筒仓仓壁受力情况。最后，本文对矩形筒仓结构体系的设计方法提出了几点建议。

关键词：钢筋混凝土，大型矩形筒仓，结构体系

1.问题的提出

作为特种结构的筒仓的研究已经历经了上百年，人们对筒仓的受力特性、设计方法等已经有了较为深刻的认识。但是不断发生在世界各地的筒仓的破坏事件也在不断地提醒人们，对筒仓的研究还远未结束。随着工业化程度的提高，大型甚至超大型的筒仓建设越来越有必要。同时，如何解决巨大侧压力作用下的仓壁的设计问题，成为当前的首要难题。筒仓的设计，不应只局限于传统的几种结构体系。实际工程应用中，往往由于场地、工艺等的要求难以实现从受力上较为合理的圆形筒仓，这时往往要设计成其他形式形状的大型筒仓，例如大型矩形筒仓，而国内外对于这方面的研究还很欠缺，相关文献寥寥无几。

本文的研究旨在针对大型落地筒仓，根据其受力特点，提出合理的结构体系，解决其侧壁过大的压力问题。

2.矩形筒仓的特征分析

与圆形筒仓比较，矩形筒仓具有如下特点：

(1)使用上

与圆形筒仓相比，矩形筒仓的土地使用率较高，并且成本较低。

(2)施工上

矩形筒仓施工方便，而圆形筒仓施工难度较大。

(3)受力和变形上

通过同一容积的矩形筒仓和圆形筒仓的比较，说明两种形式筒仓的差别。

以下分析中筒仓混凝土均采用 C30，钢筋混凝土弹性模量为 $2.85×10^{10}$Pa，泊松比为 0.3，分析均为弹性分析。贮料采用水泥，其重力密度 $\gamma=16$kN/m³，内摩擦角 $\phi=30°$。筒仓底部为固接，上部自由，荷载按我国现行《钢筋混凝土筒仓设计规范》(GB 50077—2003)施加。$P_h=k\gamma s=\tan^2(45°-30°/2)×16s=5\ 333.3s$ (Pa)。力的单位为 N，位移单位为 m。

1)圆形筒仓

①几何模型

选用尺寸为直径 40m，高度 35m，容量为 $\pi r^2 h=3.14×20^2×35=43\ 960$m³。直径大于 21m，按规范应采用预应力结构，壁厚按参考文献 [2] 取值为 $\frac{d_n}{100}+50=0.4$m，单元类型为 shell63。

②单元划分

单元大小为 0.31m×0.35m，沿圆周方向划分为400份，沿高度方向划分为100份。

③应力位移分析

该圆形筒仓在仓壁贮料压力荷载作用下，应力云图见图1。由图可知最大应力值发生在筒仓底部，其值为 $0.153×10^8N/m^2=15.3MPa$，最大位移发生在高度为 5.95m 处，即 5.95/35h=0.17h 高度处，其值为 5.65mm。图2反映了位移值沿高度的变化。

2)矩形筒仓(长宽比为1)

①几何模型

选用尺寸为边长 35m，高度 35m，容量 35m×35m×35m=42 875m³，壁厚 0.4m，单元类型为 shell63。

②应力位移分析

图3、图4分别反映了方形筒仓在贮料压力作用下的应力和位移情况。由图3可见，方形筒仓的危险点在转角和底部处，最大应力为 $0.293×10^9N/m^2=293MPa$。其最大位移发生在 19m 高度处，即为 19/35h=0.54h 处，其值为 1.349m。图5反映了位移最大点处竖向剖面各点位移值。由此可见，相同壁厚条件下，圆形筒仓容量与方形筒仓相同，受力特性却比方形筒仓优越许多。

3)矩形筒仓(长宽比为4:3)

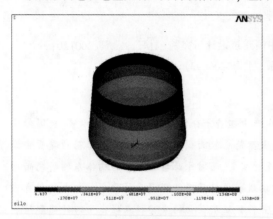

图1　圆形筒仓应力云图

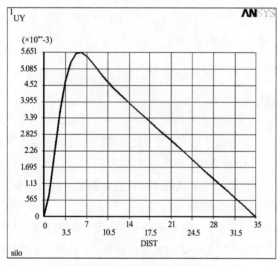

图2　圆形筒仓位移沿高度变化

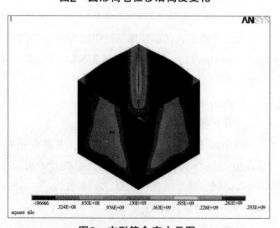

图3　方形筒仓应力云图

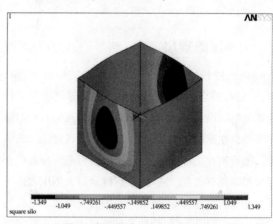

图4　方形筒仓X方向位移云图

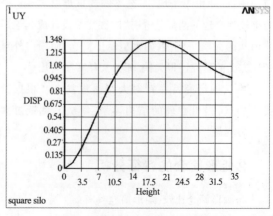

图5　方形筒仓位移沿高度变化

①几何模型

选用尺寸为长 40m,宽 30m,高度 35m,容量为 40m×30m×35m=4 200m³,壁厚为 0.4m。单元类型为 shell63。

②应力位移分析

图 6、图 7、图 8 分别反映了矩形筒仓在贮料压

力作用下的应力和位移情况。由图 6 可见,矩形筒仓的危险点在转角和底部处,最大应力为 0.390×10⁹N/m² =390MPa。X 方向最大位移发生在点 (30,20,35)处为 2.855m,即为 1h 处。Y 方向最大位移发生在点(15.429,40,13)处,为 0.521m,即 13/35h=0.37h,由图 7、图 8 可见矩形长边位移特性已与短边不同。图 9、图 10 反映了 X、Y 方向位移最大点处竖向剖面各点位移值。

从以上分析可知,筒仓仓壁为薄壁构件,在贮料荷载作用下、贮仓容量大致相同、仓体高度和仓壁壁厚相同的情况下进行弹性分析,圆形筒仓在仓壁压力作用下的最大拉应力为 15.3MPa,方形筒仓和矩形筒仓该值分别达到了 293MPa 和 390MPa,远远超过了钢筋混凝土结构的承载能力。对于位移,圆形筒仓最大位移是 5.95mm,而方形和矩形的分别是 1.349m 和 2.855m,结构早已破坏。可见,圆形筒仓较矩形筒仓具有优越的受力特性,矩形筒仓采用此种简单的结构体

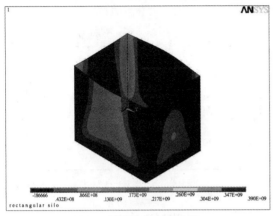

图6　矩形筒仓应力云图

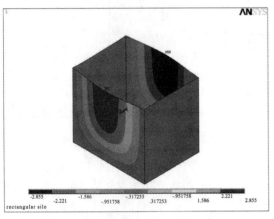

图7　矩形筒仓X方向位移云图

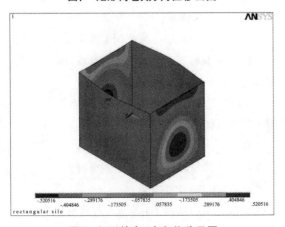

图8　矩形筒仓Y方向位移云图

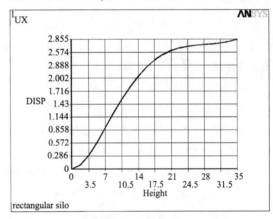

图9　矩形筒仓X方向最大位移沿高度变化

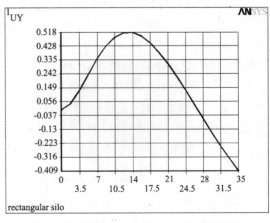

图10　矩形筒仓Y方向最大位移沿高度变化

几种结构体系的内力位移对比 表1

对比项 结构体系	应力			X方向位移			Y方向位移		
	值(MPa)	降低率(%)	位置(m)	值(mm)	降低率(%)	位置(h)	值(mm)	降低率(%)	位置(h)
简单结构体系	390	—	底角部	2855	—	1.0	521	—	0.37
方案一	153	60.8	底角部	83.8	97.1	0.41	96.5	81.6	0.38
方案二	61.8	59.6	底角部	45.9	45.2	0.82	38.5	60.1	0.79
方案三	47.0	23.9	标高5m角部	23.5	48.8	0.14	24.9	35.3	0.14

系是不可能实现的。

3.大型矩形筒仓的结构体系探讨

由以上分析可知,矩形筒仓受力具有如下特点:

(1)矩形筒仓仓壁具有薄膜的受力特点,应力分布中以拉应力为主,混凝土一旦开裂,结构刚度锐减,很快破坏。

(2)矩形筒仓底部受固定约束时,底部和角部为受力薄弱部位;在贮料侧压力作用下,仓壁侧位移从底部往上逐渐增大,在中间位置形成最大位移点,又逐渐减小。

(3)仓壁危险点和位移最大点发生在矩形筒仓的长边,在容量和高度相同的情况下,长宽比越大,仓壁最大位移越大,结构越不安全。

简单矩形钢筋混凝土筒仓结构体系在实际工程中是不可能实现的。针对矩形筒仓结构受力特点,本文提出了四种方案,即:①只布置内框架;②同时在筒仓内外布置框架结构;③布置内外框架并在仓外布置剪力墙肢结构;④布置内外框架并在仓内布置剪力墙肢及 X 型支撑结构。结构布置示意图见图11。

选用尺寸为长 40m, 宽 30m, 高度 35m, 壁厚 0.4m,柱网尺寸为 15m×13.3m,沿长边三等分,沿短边两等分。柱子尺寸均为 0.5m×0.5m;在 10m、20m、35m 高度处布置梁网,梁尺寸为 0.4m×0.4m。运用 ANSYS 有限元分析程序对几种结构体系进行建模分析比较,结果如表1所示。通过分析比较可知:改进方案一、二、三从简单到复杂,对于矩形筒仓仓壁受力及位移状态的改善效果也是越来越显著。在实际工程中,应综合考虑仓体的大小、工艺要求选择合理的体系及结构布置。

4.结　语

通过以上分析,对于大型矩形筒仓的设计,作者有以下建议:

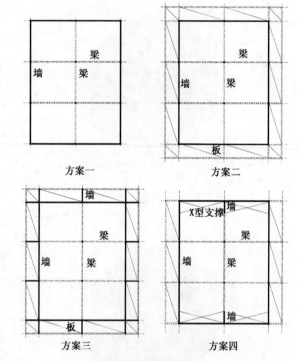

图11　四种改进方案

(1) 矩形筒仓应尽量设计成长宽比较小的方形筒仓;

(2)应根据工艺要求设计成结构和工艺上均合理的结构侧向支撑体系;

(3) 可设短肢墙体与 X 型混凝土支撑共同构成的侧向支撑体系,走廊板等均可设计成对结构有利的整体受力体系;

(4)对于结构受力的危险部位,如角部,设计时最好加设圆弧状腋角。⑥

参考文献:

[1]中华人民共和国国家标准.钢筋混凝土筒仓设计规范(GB 50077—2003)[S].

[2]李淑敏.预应力混凝土筒仓仓壁厚度取值探讨[J].山西建筑,2001(2).

应用信息技术
实现建设工程招标投标规范化

禹良全

（深圳市建设局市场处，广东 深圳 581000）

摘　要：应用信息技术改变传统招标投标方式，是适应当前建筑市场改革和发展的必然要求。本文介绍了目前招标投标行业的概况及存在问题；阐述了如何应用信息技术实现招投标规范化建设；分析了实行全自动电子评标的可行性；最后介绍了由深圳市建设局主导开发、国内首创的、以建设工程自动评标系统为核心，以交易网站为平台，以电子标书编制系统、招标文件备案系统、开标系统为基础，以CA数字证书为安全保障工具的建设工程网上交易一体化系统的设计和应用。

关键词：信息技术，招标投标规范化

一、深圳建设工程招标投标概况

（一）概况

深圳作为中国改革开放的窗口，充分借鉴了市场经济发育成熟国家和地区在建筑市场管理中的经验，深入研究规范建筑市场秩序工作，不断完善建筑市场监管方式，在建设工程招标投标制度上一直不断改革创新。2001年底，出台了《深圳经济特区建设工程施工招标投标条例》，确立了有形建筑市场的法律地位，彻底消除了在工程交易中的行政干预和工程定价中的计划经济色彩。2004年上半年，出台了《关于进一步加强建设工程施工招标投标管理的若干规定》，规范了招标人、投标人、评标专家等招标投标活动主体的行为，实现了招标投标的"三公"。2008年5月，颁布了《关于加强建设工程招标投标管理的若干规定》，实现对投标人的综合择优，预防和打击围标、串标行为。

（二）存在问题

在建筑市场日益规范和招投标业务不断深入的形势面前，传统的招标手段和方式越发显得"力不从心"。主要表现在：1. 在传统的工程招标投标模式下，"三公"与"择优"、"质量"与"效率"的矛盾始终没有得到根本解决。2.招投标过程中的暗箱操作、围标串标等腐败行为时有发生，使得招标采购"公开、公平、公正"的优点被不同程度地掩盖和玷污。3.作为一种交易模式，招标采购因其规章制度繁琐、流程复杂、采购周期相对较长、运作成本较高，使得招投标效率难以提高。

因此，提高招标投标效率，进一步规范工程建设项目招标管理，创建公开、公平、公正的市场环境，构建阳光交易平台势在必行。

二、应用信息技术规范招投标活动的基本要点

（一）实行"电子化"招标的现实意义

实行"电子化"招标，运用科学手段实现统一与规范，将电子商务平台和互联网技术同招标采购的标准流程相结合，开发出更加便捷、高效、透明的电子招标投标平台，是近些年来我国招标投标事业的一项重大进步，也是解决上述诸多问题的一个有效途径。

在当今信息网络化的进程中，电子商务作为一种全新的、现代的、革命性的交易方式，已悄然走进并影响着我们的工作和生活。随着电子商务的日趋成熟，"电子化"招标成为主要的招标手段是一种必然趋势。发达国家已开始在政府采购中实施电子招标，我们也要顺应这一发展趋势，从自主创新科学发

展的理念出发,结合中国招投标市场实际,创造中国特色的"电子化"招标模式。要尽早实现电子招标,还需从法规及制度建设、招标软件开发、专业人员培训等方面加强投入,多做工作,从而为电子招标提供良好的环境条件,以适应信息网络时代的要求,促进招标手段的跨越式发展。

(二)电子招投标活动规范化的基本要点

从信息化建设角度讲,招投标活动管理可归结于"六个规范化",即:招标文件规范化、招标条件规范化、资格审查规范化、投标资料规范化、评标标准规范化和专家管理规范化。

(1)招标文件规范化

招标文件是否规范,直接影响到建设单位对投标企业的资格预审,企业投标,专家评标、定标等工作的进行。根据《中华人民共和国招投标法》的规定,招标文件包括:1.招标项目的技术要求;2.对投标人资格的审查标准;3.投标报价要求;4.评标标准等所有实质性要求和条件;5.拟签定合同的主要条款。其中第1~4是整个招投标活动的基础,也是招投标工作信息化管理的基础,是规范整个招投标活动的关键。

在目前的招投标活动中,招标文件和投标文件都有一个相对固定的格式,这为计算机辅助生成招标书、投标书和利用计算机进行评标提供了有利的客观条件。应用计算机辅助生成招投标文件,可以使工作快速化、统一化、规范化。具体做法是,在招标文件中对技术标、经济标规定一个相对固定的格式(例如招标文件范本,以下简称"范本"),内容要完备,分类要准确,投标人只能按照"范本"规定的格式编写投标书。由于格式一致,指标(要求)一致,评分标准一致,评标专家(或计算机)就可以根据投标书的内容逐项评分,因此可以增强评标工作的公正性、客观性。

(2)招标条件规范化

招标条件即"对投标人资格的审查标准",包括投标人资质、业绩、信誉、资信和项目人员配备等指标。招标条件的规范化就是建设主管部门将招投标活动中各专业的上述指标,以完备的内容、准确的定性、简练的文字建立一个"招标条件数据库"。所谓内容完备,就是数据库应尽量包含目前建设行业所有专业在招标时对投标人的所有要求;定性准确,就是数据库中的每一项条件不能有多意、歧意;文字简练就是所列内容文字不能冗长、罗嗦,要简明、扼要。还

应对每一项条件进行编码、制定分值。

招标人在编制招标文件时所设定的资格审查标准应在"招标条件数据库"中选择。

(3)资格审查规范化

资格审查主要是对欲参加投标的报名企业的资格进行审查。要完成这项工作须具备两个条件,即招标条件和报名企业的基本情况。审查的过程就是将企业的基本情况与招标条件进行逐项比较,满足(或超过)招标条件的企业通过预审,否则不能通过。资格审查的规范化是在"招标条件数据库"和"企业数据库"数据齐全的基础上,资格审查工作由计算机自动进行的一项工作。要满足计算机进行资格审查的要求,除建立"招标条件数据库"外,还要依据"招标条件数据库"的内容对企业信息(如企业基本情况、获奖情况、代表工程、处罚情况、不良记录、人员情况等)进行编码和标准化处理。计算机在进行资格审查时还能按照数据库中分值的设定自动排列出报名企业的顺序,使审查工作真正做到公平和公正。

(4)投标资料规范化

企业的投标资料(技术标和商务标)是在"范本"的规定下完成的。因此所有投标企业编写的投标书都具有统一的标准、格式,所不同的只是具体的内容。

(5)评标标准规范化

评标分为技术标评标和商务标评标两部分。评标标准的规范化就是按照"范本"设立的指标,给每项指标规定一定的权重和分值。对于技术标,将每一项指标都划分为不同等级(比如一、二、三…级),每一等级设定一定分值;商务标(包括工程量清单报价)则以某一数值(比如按中标价的确定方法确定此数值)为基础,设定一基准分,每超过(或不足)某一百分比则增加(或扣除)一定分数。评标专家在评技术标时,只需对投标书的每一指标确定等级,记分工作由计算机自动完成;商务标的打分工作则全部由计算机自动完成。由于所有投标企业提交的投标书具有统一的标准和格式,专家在评标(技术标)时,在计算机同一窗口上可看到不同标书间同一指标的不同内容,便于进行横向比较。同时,管理部门也可以据此更好地检查专家的评标工作,有利于杜绝评标工作中徇私舞弊现象的发生。

(6)专家管理规范化

为了确保评标专家能够履行自己的职责,保证

评标工作按照公平、公正、择优、诚信的原则进行。在抽取评标专家之前，将专家的回避原则、抽取专家的专业和年龄限制、从事专业工作年限、评标专家的使用频率和间隔等条件输入计算机，根据这些条件，由计算机程序自动在专家库中抽取。

招投标管理规范化是一项庞大的系统工程，是由管理信息系统向决策支持系统跨越的重要步骤。要实现这一目标，首先要建设好"范本"（包括技术标、商务标）、招标条件库、企业数据库、人员数据库和专家数据库。招投标活动与有关法律、法规、社会效益和企业的经济利益密切相关，建设"四库一模板"是一项非常科学、严谨、慎重的工作。要做好这项工作，需要各部门的大力支持和积极配合，还需要抽调建设单位、各专业企业的专家，经过反复地论证、调研，才能够建立起既符合法律、法规，又适合实际情况的"四库一模板"。

第三章 "电子化"招标投标的整体解决方案及其应用

"电子化"招标投标作为电子商务的一种交易形式，它是一种建立在网络平台基础上的全新招标方式，可以实现信息发布、招标、投标、开标、评标、定标直至合同签订、价款支付等全过程电子化，"电子化"招标投标可以充分利用现代先进的信息技术手段实现招标的跨区域、低成本、高效率、更透明、更现代化。

从规范整个招投标活动管理的角度讲，我们提出了以建设工程自动评标系统为核心，以交易网站为平台，以电子标书编制系统、招标文件备案系统、开标系统为基础，以CA数字证书为安全保障工具，实现了真正意义上的网上招投标业务办理以及商务标自动评审、技术标辅助评审、资信标自动（或辅助）评审的建设工程网上交易一体化系统，提高了工程交易质量及效率。其中建设工程自动评标系统的设计思路是遵循"客观、合理、择优"的原则，借助计算机技术手段，运用合理的数学模型，确定合理基准值。再以此为基础，计算各标书报价与基准值的偏离度，将实际报价转换成评标价或分值，通过对评标价或分值进行排序，选择合理中标人，实现评审结果的科学性、合理性、不可预见性。

以下介绍建设工程自动评标系统的设计及应用。

一、计算机自动评标的可行性

计算机评标，是根据预先设置的规则和程序，由计算机对电子招标文件、投标文件、标底文件进行分析、比较和计算，自动选出符合"客观、合理、择优"原则的评标结果。计算机自动评标对于施工工程商务标来说，是完全可行的。

首先，计算机进行数据计算、分析和统计具有人工无可比拟的优势。计算机具有容量大、速度快、准确率高等特点；应用计算机进行评标事务处理，还能有效杜绝人为主观因素的干扰。

其次，现行的施工工程商务标编制规则符合计算机数据处理要求。商务标一般采用工程量清单计价法，清单实行全国统一编码，清单内容由数字构成，具有规范的格式，数据之间呈逐层累加的规律，符合计算机进行大批量数据计算、比较、分析的特点和要求。

第三，规范的电子标书系统能够广泛应用。经过对数据交换接口进行规范，能使商业计价软件与电子招标投标文件制作系统与商业计价软件之间进行无障碍数据交换，为建设领域的计价软件、商务标电子标书制作软件、商务标清标软件和自动评标软件提供了开放式数据交换接口，为电子标书的应用开辟了广阔空间。

第四，通过建立科学的数据分析模型、采用合理的样本选择策略，对各投标文件报价的基础数据进行全面自动分析、比较和计算，能够科学、客观的筛选出最优的商务标投标，达到"择优"的目的。

二、计算机自动评标系统的设计

建设工程计算机自动评标系统是利用先进的计算机技术和网络技术，以商务标自动评审为核心，以电子标书制作系统和招标文件备案系统为基础，以CA数字证书为安全保障工具，实现商务标的自动评审、技术标的辅助评审、资信标自动（或辅助）评审的计算机评标系统。

电子评标系统由五大子系统构成：

1.招标文件制作子系统

主要功能：导入符合《深圳市建设工程计价及商务标招投标数据交换规范(3.0)》要求的计价软件接口文件(工程量清单)，自动校验清单数据合法性，生成招标文件商务标部分；以深圳市建设行政主管部门发布的招标文件示范文本为基础，采用"填空"和"配置"的方式编制出技术标文件。分别对商务标和技术标进行电子签名后，生成商务标电子招标文件和技术标电子招标文件。

2.投标文件制作子系统

(1)商务标投标文件编制系统

主要功能：首先导入商务标招标文件，然后导入在商务标招标文件基础上由计价软件生成的投标报价接口文件；对导入数据的完整性和准确性进行检查；提取硬件特征码、计价软件和标书制作软件特征码；对通过检查的项目和数据进行电子签名、加密，生成商务标电子投标文件。

(2)技术标投标文件编制系统

主要功能：导入技术标招标文件，根据招标文件中的评审项目自动生成投标文件相关章节，为投标人编制技术标投标文件提供编制项目，投标人对相关编制项目进行描述。对编制项目及其描述进行电子签名与加密，生成技术标电子投标文件。

3.招标文件备案子系统

主要功能：提供招标文件与示范文本的对比分析，当前版本与历史版本的招标文件对比分析，招标文件变更、补遗，发布招标公告和招标文件等功能，辅助建设行政主管部门对招标人提交的招标文件进行备案。

4.开标子系统

主要功能：在开标过程中自动导入经主管部门备案的招标文件，快速导入各投标文件(秒级)；自动唱标；自动进行标书编制系统识别，标书数据规范性检查，电子签名验签，标书关键指标有效性检查；自动进行投标限价和资质等要求判定；提供复杂的评标流程和参数配置。

5.自动评审子系统

主要功能：

(1)初步(内部特征)评审：应用计算机硬件特征码识别技术、标书编制系统软证书识别、标书编制系统与计价软件特征码关联识别、标书雷同性数据分析、数据一致性和准确性检验、不平衡报价分析等七项技术，识别围标、串标行为，检验标书数据一致性和准确性，对不平衡报价等异常数据进行分析；输出包括"标书特征信息检查"、"招标清单一致性检查"、"报价一致性检查"、"不平衡报价分析"、"雷同性分析提示"等内容的"标书清标结果报告"。

(2)详细评审(实质性评审和结论)：应用自动评标模型，对所有标书的所有数据项进行全面的核算、

分析和比较，发现标书存在的各类问题，筛选出最优的商务标；输出包括"评标结果"、"评审过程描述"、"后续工作注意事宜"等内容的"评审报告"。

三、应用效果

截至2009年2月，深圳市已有近百项工程应用了计算机自动评标系统进行评标，通过计算机系统识别出多起涉嫌围标、串标行为，为查处提供了有力证据，有效地改变了取证难、查处难、认定难的状况。

经大量实例验证以及实际评审，系统达到了如下效果：

1.通过建立科学的评标模型，应用全面数据核算、分析和比较方法，筛选出最优的商务标，达到择优目的；

2.利用高科技手段直接从标书和制作软件中提取内部特征码，为打击围标、串标行为提供了有力武器，极大地减少了查处过程中的争议，降低了查处难度；

3.采用计算机评审，特别是商务标自动评审，减少甚至杜绝了评标专家凭经验评标产生的主观随意性，保证了评标的公正性和客观性；

4.在数秒钟内，对几十万个数据项进行全面核算、分析和比较，解决了标书数据量大与评标时间短这一长期困扰评标工作的突出矛盾，极大地提高了评标质量和效率；

5.通过不平衡报价分析，找出标书中的异常投标报价，为建设主管部门、审计部门的后续监管，招标人的合同签订、质量风险控制以及后续管理提供参考；

6.全过程借助计算机和网络平台，采用电子标书进行工程交易，取消传统纸质标书，达到节能、环保和绿色招标投标的目的。

第四章　结束语

应用信息技术规范建设工程招标投标活动，是改革传统交易方式的重要手段。特别是应用计算机取代或部分取代评标专家的评标工作，更是以先进的信息技术改造传统招标投标工作的一次大胆尝试和创新。随着深圳市构建阳光政府工作力度的不断加大，将逐步拓展信息技术应用范围，构建一个覆盖远程招标、投标、开标和评标，范围广泛、功能齐全、服务完善的电子建筑市场，实现从无形到有形，再从有形到无形的建筑市场转变。

金融危机背景下国际工程
承包案例分析与政策建议

许荻迪

(对外经济贸易大学国际经贸学院, 北京 100024)

一、市场现状：机遇与挑战并存

随着世界金融危机的影响持续加深，国际工程承包市场也发生了相应的转变，市场总体萎缩，跨国经营的外部风险陡增。国际工程承包作为中国经济外向国际化的重要领域，更应把握机会，凭借我国宏观经济稳定、综合国力增强、拥有广阔市场的优势，在世界性产业重组中奋力搏击、寻求更多的商机。

在全球范围内，2008~2009 年的国际承包劳务市场呈收缩状态。按国别地区市场划分，北美和西欧处于金融危机的漩涡中心，2009 年经济预期为负增长，基础设施和房地产投资锐减；澳洲、南美和东南亚部分国家资本市场受到的波及略大；中东、非洲和俄罗斯受初级产品和能源价格大幅下跌影响更为直接，非洲经济从前几年的平均 5%~6% 下降为 3%，基础设施投资削减。

中国国际工程承包的现状则可以概括为：政策导向鲜明、规模持续扩大、业务不断升级、方式继续创新、产业合作加深。据商务部统计，2008 年我国对外承包工程、劳务合作和设计咨询业务继续保持高速增长，总量规模继续扩大。对外承包工程完成营业额 566 亿美元，同比增长 39.4%；新签合同额 1 046 亿美元，同比增长 34.8%。截至 2008 年底，我国对外承包工程累计完成营业额 2 630 亿美元，签订合同额 4 341 亿美元。

纵观世界范围内国际工程承包的新趋势，中国一方面面临在紧缩市场上更为激烈的竞争，一方面又具备别国难以具有的市场和宏观经济优势。为了更好地迎接挑战、把握机遇，有必要对目前最新的相关案例进行分析，学习发达国家对外工程承包的经验，同时思考我国如何利用现有优势争取更大的利益。

案例分析：国家电网宁东至山东输电项目

1.案例简介

我国幅员广阔，能源资源分布不均衡，水能源所在地和电力消费地呈逆向分布。这决定了我国需要建设大容量、长距离的输电线路，将西部和北部地区的电力送往中部、东部和南部地区，为我国社会、经济的可持续发展提供更多的能源保障。

2008 年 12 月，我国能源建设史上开工规模最大的煤电化项目群——宁东煤电化工基地在宁夏全面启动，作为该项目之一的西北 (宁东) 至华北 (山东) ±660kV 直流工程是国家 "西电东送" 的重点工程。该工程西起宁夏银川东换流站，东至山东青岛换流站，线路途经宁夏、陕西、山西、河北、山东等五省区，长度为 1 335km，额定输电功率为 400 万 kW，总投资约 104 亿元，计划于 2010 年底单级建成投运，2011 年双级建成投运。该项目中换流站的核心设备 (换流阀) 及相关的咨询、施工和技术支持，全部由法国 AREVA 公司 (全球著名核电企业，世界上最大的核技术与服务公司) 提供，总造价超过 10 亿元人民币。AREVA 公司为世界第三大直流设备及方案提供商,以此次工程承包为契机,与中国电科院建立了长期合作伙伴关系,在项目行政和管理上,由中国电科院牵头。

该项目从技术和管理上都具有重大突破,可概括为"两个首次":首先,宁东至山东输电项目将是世界首条采用±660kV直流输电技术的示范工程;其次,该项目是中方在电力行业首次采取与国外承包方建立长期合作伙伴关系,并且实现了技术接收、生产和采购国产化以及管理上的深入协调和监督。在此典型案例中,我方和法方都根据目前的经济形势和自身条件,做出了最优选择,形成了良性互动,达到了双赢的结果。

2.中方抓紧契机:引进技术带动国内配套

在此案例中,中方正确认识目前的经济形势,充分利用自身的市场和宏观经济优势争取到了令人满意的技术、资源等利益,主要包括以下四个方面:

(1)低价格:由于之前ABB与Siemens公司(世界前两大直流设备及方案提供商)的技术垄断以及国内对电网建设及能源需求的迫切性,使得直流电力工程设备价格居高不下。此次工程,中方首先与AREVA达成战略合作伙伴关系,成功引入第三方设备供应商,打破了ABB与Siemens的垄断格局。通过战略合作,绝大部分阀部件都在国内采购和组装,极大地降低了设备造价,同时也能保证产品质量达到要求。此外,中方通过与ABB、Siemens和AREVA等公司的竞争性谈判,最终中标价格几乎只有同类产品原先价格的一半。

(2)技术转移:AREVA与中国电科院于2008年达成战略合作伙伴关系,这对于国内之前同类项目由ABB及Siemens两家公司垄断的局面有所突破。通过合作,可以更加深入地了解换流阀的设计方法、制造工艺以及实验技术及换流站整体设计的关键技术,同时进一步推进了直流工程关键设备国产化的进程,降低工程造价并形成国产化换流阀部件的技术规范,为全面实现国产化并提高国内设备厂商的竞争力打下良好的基础。

(3)本地生产和采购:通过技术合作,中方获得了换流阀的生产技术,并能够在国内生产组装,换流阀的国产化率达到50%(由电科院提供)。此外,阀的其余部件由AREVA在国内建厂生产,同时向国内其他厂商(如南车时代等)采购关键设备(如晶闸管等)。这样,AREVA公司的产品既满足了中方对产品国产化率的要求,也降低了生产成本。

(4)项目控制权:在该项目中,换流阀生产的管理及商务等以中国电科院为主,AREVA公司提供技术支持和保证,再向业主供货,这样能保证项目的进展能够满足业主的要求,并使得中国电科院获得了相关的宝贵经验。

3.法方救市战略:科技创新扩展海外市场

此案例中,法方成功贯彻了法国挽救经济衰退、促进对外工程承包的政策。AREVA公司虽然对中方做出了相当程度的让步,但是最终争取到了大型项目,从而保障了公司在新经济形势下的持续发展。

目前法国的经济形势可以说相当严峻。2008年10月,失业者人数突破200万,该数字连续第六个月增长,创下自1993年3月以来最大单月增幅。2009年1月份以来,类别1注册的求职者激增至9.02万,比12月增加4.3%,比去年同期增长15.4%,失业总数达220.4万。法国建筑业受到了巨大冲击,2008年三季度法国新房销量同比锐减44%,而8月至10月,新房开工量和房建许可证发放量分别下跌了20.6%和24.4%。法国以内需拉动型经济结构为主,消费占GDP总量65%,却面临银根紧缩、购买力不足的严峻现实,因此更需要制定正确的战略和政策,挽救经济,开拓外需,促进对外工程承包。

法国在科技创新方面一直持十分积极的态度,金融危机以来,法国政府更将其视为拉动经济的一个重要增长点。法国科技战略委员会明确指出,科技是经济发展的关键,近年来,法国政府对科技发展战略和政策进行了一系列调整。法国官方于去年年底宣布,将在2010年前追加150亿欧元用于发展科研,其中40亿欧元由国家承担。今年1月底,法国又正式启动了国家研究与创新战略制订工作,以明确国家未来4年科研工作的发展方向与思路。法国官方代表在启动仪式上特别指出,在金融危机席卷全球的情况下,研究与创新是帮助法国走出危机的"关键"所在。

在上述案例中，±660kV直流输电是一项新技术，而该项目是全球范围内此项技术的首次应用和实施。该技术专用于1 100~1 400km的远距离输电，由于国土限制，在法国本土根本无用武之地，只能在中国等幅员广阔的国家实施。但是从研发的角度，法国却比中国更有优势、更为节约成本。因此，法国承包中国该项工程，既有利于发挥其核心研发优势，又有利于将技术真正产业化、创造利润，从而达到法国科技救市战略的预期效果。从投资水平上看，仅此单个项目，采用±660kV直流输电方案比采用±500kV直流输电方案总投资增加约30.08亿元。

就AREVA公司自身而言，金融危机确实对其产生了一定的影响。尽管有调查表明：由于核电基地地域分布的广泛性和核电复兴的合理性，金融危机对核电企业不会造成严重影响。但AREVA公布2008年第三季度业绩时也同时指出，由于一些金融企业急于抛售铀以换取现金流，铀的即期价下跌，铀交易的正常操作受到严重影响。另外，目前的国际工程承包市场中，营业额远比利润重要，缺乏资金的部门如果接不到工程，将面临部门缩编甚至裁撤的危险。因此，该项目不论从财务或战略上，对整个AREVA公司及其输配电(T&D)分公司都具有十分重大的意义。

二、政策建议

(一)如何"引进来"

我国引进国际工程项目承包商时，应抓住契机，谋划新的思路，抢抓战略机遇，整合各类资源，更多考虑争取技术、市场、人才等软性利益。

1.紧抓战略时机，大力引进先进技术

与国际同行相比，我国国际工程承包企业在高级技术方面还有一定差距。不少发达国家在工程承包领域设置技术壁垒，我国企业往往由于缺少高级技术，而不具备相应的资质条件，难以在项目投标中获胜。目前我国宏观经济稳定，经济规模总量大，从而掌握了目前形势下最宝贵的市场和需求，在国际工程承包的商务谈判中掌握了主动权。因此，可通过多种渠道来引进先进技术，例如案例中创新合作方式，以及利用多家公司的竞争，获取最大程度的技术转移等。

2.建设服务体系，发展国内配套市场

国际工程承包事业的发展能够带动国内的配套生产，同时也需要整合国内外相关资源、建设服务体系。首先，财政支持的公共服务体系建设是关键，要全面扩大公共服务的覆盖面，提升公共服务的质量水平；其次，要抓市场化的社会服务体系建设，引导社会服务资源向相关的配套事业靠拢。当前，法律服务、会计服务、商业性金融服务等距离承包我国工程的外国企业的需求差距尚远，需要政府主管部门通过税收政策予以推动。

3.调整相关政策，切实增强支持力度

对外承包工程是一项综合作业业务输出，能够带动资本、货物、技术和劳务等多重资源出口，体现着一个国家的综合竞争实力。因此，在国际市场严重收缩、竞争异常激烈的情况下，我国政府要着眼于长远利益，兼顾眼前利益，从战略层面思考这项事业的发展方向，调整市场和产业布局，配以必要的保障措施。就当前而言，要加大政策支持力度，重点支持能创新合作方式、引入技术人才、带动国产重大装备制造业的项目。除了中央政府的政策支持以外，地方政府的政策支持也是必要的。

(二)如何"走出去"

中国一直强调"走出去"战略，在对外工程承包方面也取得了可喜的成绩，但是国外的战略模式仍可提供良好的借鉴。上述案例中，法方重视核电等优势产业、强调创新救市、紧抓价值链高端的做法，值得我方借鉴。

1.发挥优势产业

在2008年新签合同和完成营业额当中，我国对外工程承包和咨询业务的行业布局呈现新的发展势头，一方面是行业领域拓宽，在矿产业(如铀矿勘探和开发)、制盐、吹砂、冶金等行业的工程项目或填补空白，或数量增加；另一方面，由于我国具有核心竞争力的制造业企业深度参与，在电力、通信、冶金(钢厂钢结构、电解铝、氧化铝等)等产业的工程承包业务中，我国企业显示出全产业链的竞争优势。如前所述，我国对外工程承包开拓业务的整体难度会加大、竞争加剧，所以我国应依据自身产业的优势，进行必要的策略调整，在国别市场、项目种类和参与方式等方面进行甄别,寻找商机。

2.注重科技创新

高新技术产业化使国际工程承包业及相关产业的科技含量不断增长,信息技术的广泛应用使工程管理技术水平日益提高,科技含量已经成为国际工程承包市场竞争的新杠杆。预期未来几年,国际服务贸易标准化对工程承包商资质和服务标准的新要求,将成为市场准入新的技术壁垒。我国可借鉴案例中法国的经验,将技术创新摆在首要的位置,在各国基础设施建设有力推动国际工程承包市场扩张的良好时机,更深入地切入发展中国家市场,尝试打入发达国家市场,实现业务转型与技术创新,培养和完善自己在高端市场等新的业务领域的核心能力。

3.向价值链高端移动

工程设计咨询业务是对外承包工程的行业龙头,没有设计咨询业的国际化,全行业的发展就缺乏拉动力。然而,多年来国内规划设计行业市场化和设计咨询单位的商业化进程较慢,规划设计单位的国际竞争力不足,业务规模和增长速度没有与对外工程承包同步发展。近期受金融危机导致新建项目减少和国内竞争实力不强的负面影响,处于产业链高端的对外工程设计咨询业务发展出现负增长,全年完成营业额4.48亿美元,同比下降8.6%;新签合同额8.88亿美元,同比下降13.8%。截至2008年底,我国对外设计咨询累计完成营业额26.7亿美元,签订合同额46.6亿美元,该数字相比对外工程承包营业额是较少的。因此,我国政府主管部门应该重新思考原有的工作思路,适时调整支持设计咨询业务发展的政策措施,扩大政策资源,例如给予税收政策倾斜,与援外工作结合等。设计咨询企业要提高对国际技术标准和规范的认知程度,提高人才素质,增强市场化和国际化的紧迫感,加快"走出去"的步伐。

试论工程承包企业全面风险管理基本流程及其运作

杨俊杰

(中建精诚工程咨询有限公司，北京 100835)

工程风险在政治、经济、组织、文化、社会、合同、全球化、区域化、一体化等方方面面层出不穷。企业全面风险管理工作凸显重要，它关系到工程承包企业增强国际竞争力，深层次提升企业管理水平，提高投资回报率，确保企业资产保值增值和持续、健康、稳定发展的动力。早在 2006 年国资委制定了《中央企业全面风险管理指引》，该文指出：所称企业风险"指未来的不确定性对企业实现其经营目标的影响。企业风险一般可分为战略风险、财务风险、市场风险、运营风险、法律风险等；也可以能否为企业带来赢利等机会为标志，将风险分为纯粹风险(只有带来损失一种可能性)和机会风险(带来损失和赢利的可能性并存)。所称全面风险管理，指企业围绕总体经营目标，通过在企业管理的各个环节和经营过程中执行风险管理的基本流程，培育良好的风险管理文化，建立健全全面风险管理体系，包括风险管理策略、风险理财措施、风险管理的组织职能体系、风险管理信息系统和内部控制系统，从而为实现风险管理的总体目标提供合理保证的过程和方法。"虽然，对工程风险的认识目前尚不能做到"万物皆备于我"的理想状态，但某些专家学者认为，未来几年中，我国的工程承包企业必将掀起一股全面风险管理的高潮是大势所趋。

一、工程承包企业风险管理面临的主要课题

当前，中国工程承包企业面临重大的机遇和挑战，即风险与机遇并存的时代，其风险管理中表现出来的问题举不胜举，主要是：

1.缺乏正确的风险理念，即指对风险的态度和认识。正确的风险理念既不是对风险的无知，也不是风险意识的淡漠；既不能对风险视而不见，也不能对风险片面强调，即风险管理的地位既不可夸大，也不要缩小，一定要实事求是地对待。

2.不能从战略高度认识风险管理的必要性。中国工程承包企业，一般情况下对风险管理问题。大都停留在职能管理的认识层次上，其贵、其重、其危、其必要性尚未得到企业高层的普遍关注，处理风险管理与全面工作的关系缺乏精准性。

3.缺乏完整、系统的风险管理手段。在风险分析和度量手段上，或在专门化的风险管理工具上，往往被切割成财务、运营、市场、法律等多个层面，缺乏全局性的整合框架和风险管理工作主线。

4. 缺乏全面风险管理运行组织和操作基本流程。组织的风险理念往往缺乏清晰的表达和贯彻，并没有被大多数员工特别是核心人员理解和认

同，也无法落实到具体的工程项目和经常性工作中去。

5. 缺乏工程具体项目团队性的风险操作和执行力度。一旦遇到重大风险，往往是缺乏思想准备，造成措手不及、手忙脚乱、怨声载道，以至于发生"岌岌可危"风险的巨大影响，使经济上非合同内溢价的情况。

6. 缺乏全员风险意识。无论是工程项目投标，还是作经营管理决策，或不闻不见风险、或过分的风险恐惧症、或刻意回避风险、或措施很不得力，总之，无论是明示风险或是隐示风险，大都表现不甚成熟。

7. 缺乏在风险领域中的领导力度，是风险管理的一大问题。主要表现在重分析外部、轻质疑内部；重一般风险、轻重大风险；重局部风险、轻全面风险，在工作整体安排上，某些领导的注意力出现失衡现象。

8. 缺乏积极的、主动的风险管理。由于对风险的发生发展的规律性和防治化解的逻辑性尚不掌握，对风险管理的动态性的跟踪、监控、防范、调整、应对等，在较大程度上体现为被动性。没有或不肯

开动脑筋，在积极应对和解决风险问题上下大力气、下足功夫。古人云"心之官则思，思则得之，不思则不得也。"

综上所述，不难观察到风险管理是一个"一石多鸟"的重要问题，即眼下很需要研制出适合工程承包企业全面风险管理基本流程的运行模式，"言近指远"是何等的值得。

二、工程承包企业全面风险管理基本流程框图

为此，可以用工作分解结构即 WBS 方法，将该流程求真务实一一分解，步骤细化便于操作。详见图1~图5。

这些框图是根据国资委对央企全面风险管理指引的内容及要求，密切结合工程承包企业多年来在国内外特别是在国际工程承包实战过程中，无论是市场调研、投标报价、项目评估、合同签订、工程施工、收尾保修等，都不同深度地发生和出现的各类型、多样化的风险及风险管理问题等而研制的。这些框图的运作空间仍较大，可据企业定位与项目的具

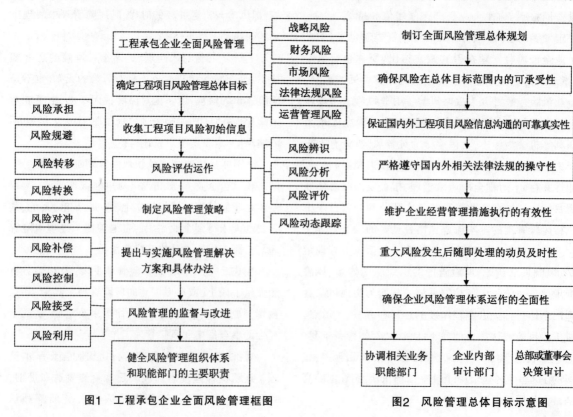

图1　工程承包企业全面风险管理框图　　　　图2　风险管理总体目标示意图

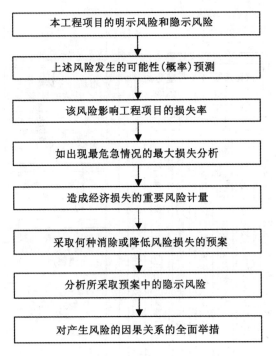

图3　工程项目风险辨识和分析框图

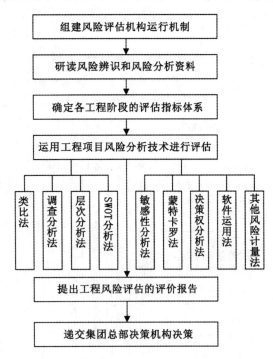

图4　工程风险评估流程基本步骤

体情况作进一步的调整。

风险管理总体目标非常重要，该示意图要求：(1)工程承包企业应有明确的市场定位和战略目标；(2)根据具体项目，制定了风险管理规划及实现实施该规划的系列化配套指标；(3)其各项指标体现，如：成本管理中的风险预算和应急储备、进度管理中的风险应急储备、风险管理中的环境因素影响、沟通管理中的互动关系和风险信息资源共享等；(4)还要有一套风险跟踪、监控措施和消极风险及积极风险的应对策略。企业全面风险管理总体目标最终需要相关业务部门协调、经过审计部门审查把关和总部或董事会决策批准实施。

风险辨识是判断哪些风险会影响本工程项目，是一个在项目生命周期中反复进行的过程。其参与者包括风险管理主管、项目经理、项目团队主要成员、风险管理团队主要成员、风险管理专家、项目其他干系人等，应以书面形式鼓励企业全员参与风险辨识工作。经常采用的工具与技术有核对表技术、图解技术、专家判断、风险信息搜集技术、SWOT分析等。最终要向各级风险主管部门提出风险辨识和分析结果报告。

旨在应对风险、化解风险，大多数跨国公司启动的方法之一是在工程项目的各阶段、各级次关键点(如成本、进度、范围、质量等的影响量)进行高效率、高质量的风险评估，预先定下影响量级别及其各级别的权数，如很低、低、中等、高、很高。特别需要注意的是，对风险数据质量的评估更应考察它的准确性、可靠性和完整性。事实证明这是行之有效、被行业认定的手段和工具，其作用在大型工程项目上表现得更为突出些。

风险及风险管理的信息收集是一项基础性很强的工作，它是风险识别、风险分析和风险评估等风险管理的关键性资料，是全面风险管理的重要构成部分，不可替代。信息收集技术可用的现代方法很多，它包括头脑风暴法、德尔菲法、专家访谈法、根本原因分析法等，此项工作需要由懂专业、熟悉操作程序的专人负责。

三、全面风险管理基本流程操作说明

为准确、有效地实施和运作上述工程承包企业全面风险管理基本流程，简明扼要地作如下说明。

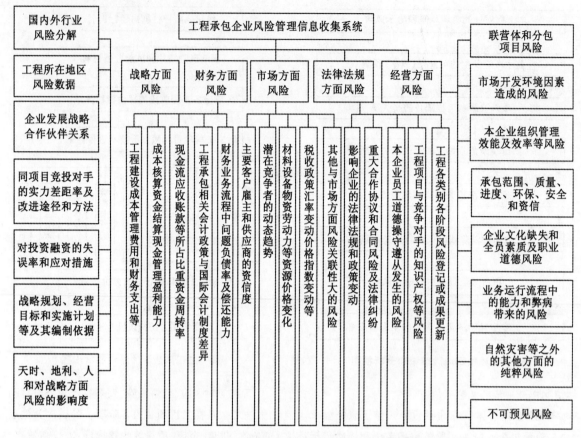

图5 工程承包企业全面风险管理信息收集框图

1.工程承包企业全员必须树立"生于忧患、死于安乐"的风险观念。忧患使企业、团队、个人生存,安乐使企业、团队、个人死亡。孟子说:"入(国内)则无法家拂士,出(国外)则无敌国外患者,国恒亡。然后知生于忧患死于安乐也。"这已被国家、跨国公司、承包企业的决策者所公认。

2.建立健全风险管理组织体系。该体系主要包括业务单位的领导部门、风险管理职能部门、法律事务部门、公司审计部门,以及有关职能部门等。建议大型的跨国公司或上市公司应当设置风险管理委员会,以便控制和处置大型或特大型工程项目的风险问题;中小型公司可根据自身条件视具体项目设置风险管理部门。风险管理组织同样不能"一刀切"或机械地照搬别人的做法。

3.建立风险管理信息系统。该系统包括风险信息的采集、存储、加工、分析、测试、披露、传递、使用、报告等。保证其数据的一致性、及时性、完整性、可用

性和科学性。为此,建议在上市公司或跨国公司设置集团总部相当副总一级的CIO职务,设置风险管理职能部门高级风险经理,统一管理国内外的IT平台,统一规划、统一设计、统一实施,以保证该系统运作的正常化、机制化。

4.建立企业内部控制系统。主要包括内部控制岗位授权制、内部控制报告制、内部控制批准制、内部控制责任制、内部控制审计检查制、内部控制考评制、重大风险预警制、企业法律顾问制、重要岗位权力制衡制等规章制度、审批程序等支持体系。建议工程承包企业尽速建章立制,完善风险管理内控制度,以保证认真组织实施工程承包项目的风险管理解决方案,使各项具体措施求真务实落实到位。

5.建立、健全有效的全面风险管理评估系统。工程承包企业应广泛、持续不断地收集与本企业战略风险、财务风险、运营风险、市场风险、法律风险等和

风险管理相关的内部、外部初始信息。根据工程承包项目的具体情况,有针对性地收集风险初始信息,围绕公司战略规划和实战项目目标,全面辨识风险事件,对工程风险进行多维度分析,按照统一制订的标准和指标,对影响力较大的重要风险进行可量化的综合评估和评价工作。评估评价尽力做到分析精辟、"充类至尽"。

6.建立企业风险管理文化。《中央企业全面风险管理指引》指出:"企业应注重建立具有风险意识的企业文化,促进企业风险管理水平、员工风险管理素质的提升,保障企业风险管理目标的实现。"风险管理文化建设是企业文化建设的重要组成部分,应融入企业文化建设全过程。至少包括:(1)树立正确的风险管理理念,增强员工风险管理意识,并将其转化为员工共识和行动。(2)在企业内部各个层面营造风险管理文化氛围。(3)集团总部应高度重视风险管理文化的培育。采取多种途径和形式,加深对风险管理理念、知识、流程、管控等核心内容的培训,培育风险管理人才及其风险管理文化等多项内容。(4)强化员工法律素质教育和制定道德诚信准则及合法合规经营的风险管理文化。(5)努力传播企业风险管理文化,牢固树立风险无处不在、风险无时不在、严格防控纯粹风险、审慎处置机会风险、岗位风险管理责任重大等意念。(6)建立重要管理及业务流程、风险控制点的管理和业务操作人员岗前风险管理培训制度。

7.建立财务预警系统和费用预警机制,构建风险预警指标体系。从通行上讲,工程承包企业发生财务风险是由于举债等导致的,对企业来说,则在建立短期财务预警系统的同时,还要建立长期财务预警系统。从综合评价角度,企业的经济效益即从获利能力、偿债能力、经济效率、发展潜力等方面入手防范财务风险,这也是跨国公司的判断指标。费用控制预警机制是指当外部市场的费用达到某一限额后,对其提出预警报告,并采取相应的管理措施。通过对有关生产经营情况进行分析,提出财务预警报告,采取相应措施,及时调整,防范无计划、无节制或挪用资金。有利于当市场情况或利润目标出现较大缺口时及时调整计划,确保目标利润的实现。

8.充分利用风险管理各项成熟的技术、工具和手段。包括:国内外非常流行的定性分析中的"工程项目类比法"、"专家和调查打分法"、市场宏观分析采用的"SWOT"分析法、分析工程具体项目的"层次分析法"等;定量分析中实用的风险量等级法和风险量计算法、敏感性分析法、期望值分析法、决策树分析法、蒙特卡罗分析法等。在选用上述方法时,应当注意首选方法简单、易于理解、数据采集容易的传统技术的同时,还要根据本企业及其所承揽的工程项目的规模、难度、技术含量和其他要求等,设计研发出一套适合自己本企业专用的风险模板。特别值得一提的是在风险分析计算时,其软件的应用非常广泛,如:综合应急评审与响应技术、风险评审技术、影响图技术等风险分析模型技术不断发展、日趋完善,多平台梯度式的模式是其重要特征。

9.建立全面风险管理资料库。包括:国内外的风险管理知识、工程风险状态报告、工程风险案例、风险管理汇总数据、各个不同阶段风险检查表、风险应对方案、风险管理工具及模板、项目风险归纳总结、大型项目风险管理协同过程模型(雇主、承包商、咨询公司等)、全面风险管理综合模型等。该库在风险管理方面将产生现实和长远的意义,并发挥重大作用。

总之,风险管理是一项系统工程,是无可非议的、长线的,绝不能"一曝十寒"。这就需要集团总部风险管理部门与相关部门的工作同步,需要工程项目团队的风险管理工作同步,其风险管理效果作为绩效考核的一项指标,这样的上下各方各层面级次同步配合,才会全面地、彻底地、完整地、满意地达到风险管理的既定理想目标! ⑤

参考文献

[1]国资委文件.中央企业全面风险管理指引.
[2]杨俊杰编著.工程承包项目案例及解析.
[3]杨俊杰编著.工程承包项目案例精选及解析.
[4]王守清.国际工程项目的风险管理.
[5]尹贻林.项目风险管理.

浅谈爆破拆除工程风险防范

苏锡豪

（长江北业地产开发公司，广东 中山 524800）

关于建设工程风险管理的理论和学术论文很多，我这里不重复相关的定义、概念，只想通过广东中山享有"亚洲第一爆"之称的某实际工程案例，从高层房屋爆破拆除工程的特有个性，分析爆破拆除工程风险防范应该注意的几个问题，希望能为日后越来越多的超高层建筑实施爆破拆除进行风险管理时起到抛砖引玉的作用。

工程项目概况：待爆超高层建筑物为 1 栋 34 层、高 104.1m、建筑面积为 27 875m² 的烂尾楼，框支剪力墙结构。2 层为转换层，平面呈井字型布置，长度与宽度尺寸接近，结构非常稳定（图 1）；人工挖孔桩基础，首层 32 根独立柱，截面尺寸均为 $A \times B$=1 300mm×1 300mm，单柱截面面积 1.69m²，合计截面面积 54.08m²；主筋最大直径 $\phi28$，箍筋配筋 $\phi12@100$；独立柱 3 个型号主筋配筋分别为 Z1：$12\phi28+20\phi25$；Z2：$4\phi28+28\phi25$；Z3：$4\phi28+28\phi25$；独立柱高 5 500mm，核心筒剪力墙厚 200~500mm，主筋直径 $\phi20~25$，箍筋直径 $\phi8@100$，混凝土强度等级 C35。

根据现行《爆破安全规程》（GB 6722–2003）爆破工程分级规定，本工程属于 A 级爆破，而且周边施工环境十分复杂，不利于爆破实施，主要表现在以下几个方面：

待爆楼房南侧距离一栋民房（3 层框架结构、残旧）仅 6m；

周边 50m 范围的民房均比较破旧，而且大多属天然基础，抗震能力差；

地处市中心，场地狭小并且不规整，待爆楼房高 104.1m，小区红线内四周均无足够倾倒场地；东侧距围墙 32m，东北侧为空地；南侧距围墙 3m，距 3 层框架结构民房 6m；西侧距 2 层砖结构民房 56m，距 5 层框架结构民房 68m，距工地变压器 76m，距立雪道边线 84m，距边坡坡脚 76m；北侧距学院路边线 54m，距红线 51.2m，距城市供水管道 52m；西北侧距红线 92m，距边坡坡脚 88m。

本项目存在的主要风险及采取的风险防范措施包括下列几项。

一、技术风险

1.爆破方案设计：本项目爆破方案技术设计重点包括：

从上述工程项目概况知道，待爆烂尾楼不但高度大而且建筑结构非常稳定，平面几何重心在纵横两个方向尺寸接近，无论哪个方向倾倒均难度较大，但我们对倾倒方向偏差要求恰恰很高，偏差不能超过 5°，否则会砸坏一栋房屋或市政公共设施。

爆破方案选定：由于场地及周边环境的限制，爆破方案的选定要同时考虑安全和施工成本两个因素，如何在几个比选方案中选出最适合本项目的方案成为关键。

剪力墙预处理：2 层以上均为全剪力墙结构，倾倒方向的剪力墙对于定向倒塌是非常不利的，要进行预处理，变墙为"柱"，有利于控制倒塌方向。

减低触地振动：本栋大楼总质量约 32 000t，承受楼房倒塌的地面经过土方开挖后已经到达强风化或中风化岩层，触地冲击能量很大，必须想办法减低触地振动，确保周边民房及公共设施安全。

图1

为了使技术设计能够达到预期的目标，我方成立了由集团公司总工程师负责的设计小组，同时从全国各地聘请了多名爆破经验丰富的专家、教授担任设计技术顾问，多次到施工现场踏勘，实地了解周边环境，走访周边居民及原来的建筑设计单位，并且把技术设计分两个阶段完成。第一阶段为初步设计阶段，由专业设计组完成初步设计后，邀请中国爆破协会著名专家小组进行初步审核，提出审核意见，专业设计组在此基础上进行修改、调整、完善。第二阶段为技术设计阶段，在专家小组初审意见的基础上调整方案后，提请中国爆破协会组织专家组再次评审，务求方案设计更加科学、合理。

针对技术设计重点，我方采取的技术防范措施包括：

倾倒方向控制：经过比选方案，我们选定西面作为倾倒方向，为了使倾倒偏差在控制范围内，设置了3个大的爆切口，分别是1~5层、12~14层、22~24层。为确保倾倒顺利，还对这3个爆切口倾倒方向的剪力墙进行大量的切割预处理，最大单层切割量占本层剪力墙总量的58%，变墙为柱，降低倾倒方向的结构刚度。

触地振动(倒塌振动)控制：采取了2个有效措施，一个是尽量设置多的装药孔，减少单孔装药量，使大楼在3个大爆切口空中解体，降低破碎构件落地重量；同时采取延时爆破技术，避免一次倒地，利用3个爆切口作为未爆楼体的缓冲区；另外一个措施就是采用砂土堆成4道缓冲土墙，长50m，宽1.5m，高1.5m，吸收建筑物倒塌触地能量，减低触地震动。

2.总体方案设计：项目除了爆破专业设计以外，还包括剪力墙预处理专项方案、大楼倒塌后机械破碎方案、施工全过程安全防护方案、安全警戒方案、应急救援预案、废料处理等专项方案，这些专项施工方案是爆破设计方案的重要组成部分，是爆破成功与否的关键，也是建设行政主管部门审查的重点，必须给予高度重视，务求设计方案深入、具体、一次到位。本项目在审批工程中就由于地方建设行政主管部门对这些专项方案严格把关审查而组织了多次专家评审论证，花费不少时间，影响了施工进度计划的执行，最后不得不向业主申请工期延期。

教训与对策：碰到类似高难度的爆破拆除工程，在爆破方案设计过程中，必须把相关的专项方案设计放到与爆破专业设计同等重要的地位进行同步设计，可以聘请建筑设计院的结构工程师及当地熟悉环境和办事程序的公安部门主管爆破技术民警参与设计，并保持与当地行政执法局、安全生产监督管理局、建设工程安全监督站等相关单位的沟通联系，及早了解相关政府部门需要对什么事项进行审查，并根据情况变化不断调整、补充完善各专项施工方案，尽量压缩审批过程所花费的时间，确保合同工期目标的实现。

二、经济与管理风险

1.事故防范措施：主要包括技术措施和保险转移措施。技术措施包含了技术设计、方案设计、施工组织设计等，公司组织了技术含量高、经验丰富的技术队伍成立设计小组，充分了解设计对象的特性、特点及周边环境(包括社会环境)，编制出科学的、切实可行的设计方案，从技术层面尽量避免或减低工程事故、安全事故所造成的损害，从而减少经济赔偿；保险转移就是根据项目特点及公司对风险的承受能力，确定购买保险的额度和自己预计赔偿的额度，经过深入论证，本项目决定选择天安财险提出的方案，保额1 500万，保费11万(由于保费比较低，项目部答应保险公司借此机会进行广告的要求)，这样可以覆盖待爆建筑100m范围，满足设计要求及地方政府相关要求，周边受影响的住户接受，对施工成本控制也是最有利的。为了响应施工合同约定的保险额不少于2 000万的约定，经与业主商讨，500万差额由公司以赔偿协议的方式与受影响区域的住户、市政公共设施所属单位签订损坏赔偿协调，一旦爆破对其造成损坏，除了按照保险公司约定条款进行赔偿外，公司负责赔偿因保险赔付不足的部分，业主接受，周边居民、单位及政府部门也接受，爆破后证明，由于技术措施得当，施工管理到位，1 500万保额及保险范围已经足够应对爆破造成的经济赔偿，无需公司赔偿损失，保险方案是有效可行的。

2.爆破器材管理：由于公安部门对爆破器材管理要求非常严格，任何意外情况均有可能导致合同目标的偏差或失败，严重者可能危害社会稳定，结果直接导致公司巨大的损失。为此我们根据本项目器材用量小、施工场地治安复杂的特点，决定现场不设置爆破器材存放仓库，实行爆破器材当天向公安部门领取,当天归还剩余器材,停止施工期间现场的保安聘请市保安公司负责,与辖区公安机关密切联系,保持高度警惕。另外,所有工作人员必须持保安公司与项目部共同签发的出入证,经过门卫仔细核对检查方可出入工地,其他闲杂人员一律不得进入施工现场。

3.工期控制:本项目由工期引发的风险包括施工合同约定的经济赔偿及季节、天气对项目的危害,因为爆破前必须对剪力墙进行大量的切割预处理,使墙变柱,有利倾倒,而建筑经过预处理后结构稳定性大大削减,工程项目所在地区到5月份就进入台风季节,预处理设计验算表明,经过处理后的房屋结构无法抵御6级以上台风袭击。

由于本项目属于A级爆破,有"亚洲第一爆"之称,政府相关部门高度重视,审批过程非常严格、仔细。爆破专业审批程序包括:由市公安局向广东省公安厅呈报,省公安厅组织广东爆协专家踏勘现场、进行论证后再向公安部呈报,最后由公安部组织中国爆破协会有关专家进行评审、论证。加上涉及建设行政主管部门的监管责任及审批,手续比较繁琐,是影响工期的一个主要因素,而且具有不确定性。为此公司要求业主向当地市政府申请协助,由市政府牵头组织公安、消防、建设、国土、规划、城市执法、电力、供水、电信、医疗卫生、街道办、居委会、周边住户等召开联合行政办公会议,统一思想认识,并成立由公安、建设、城市执法部门主要领导挂帅的爆破拆除指挥部,协调处理、解决各个环节出现的问题,提高办事效率。

三、工程环境风险

本项目施工环境非常复杂(图2),主要表现在以下几点:

图2

1. 距离民房很近,东南方向最近处距离房屋6m,距离城中村民房的围墙或挡土墙最小距离4~5m,而且大部分民房建于30~40年前,典型的城中旧村,村中还有省二级文物"东岳庙",抵御爆破冲击波能力和坍塌触地振动能力均较差。

2.北面距待爆建筑54m处有高5~8m、局部坡度达到80°的边坡,边坡只完成了临时的加固,上面是一条繁忙的道路,车流量很大,并且有一条直径1m的市政供水管道供应本市东区市民生活用水。

3.社会环境复杂,城中村居民工作比较难以开展。

4.地方政府相关部门没有A级、B级爆破工程审批经验,审批过程小心谨慎,也增加了本项目的报建报批难度,这方面花了将近3个月时间,造成较大的工期压力。

应对措施:采取相应的技术措施和组织措施。技术措施就是精心设计,减低技术风险;组织措施就是针对政府审批及社会环境特点,公司成立专门协调工作小组,由公司主管业务的副总经理和项目经理领导指挥,与相关政府部门和单位保持密切沟通,及时收集各方信息,研究对策,跟进、解决不断出现的新问题。

针对周边村民和住户对爆破不理解,产生心理恐慌,而且不容易组织在一起的情形,项目部除了逐家逐户派发宣传资料外,还争取当地街道办、居委会的支持,由他们出面,不定期组织相关人员进行解析、耐心讲解,介绍项目情况,使居民放心,争取周边住户的支持。经过持续努力,周边住户在赔偿协议签订、爆破当天疏散、文明工地管理等方面与我方配合良好,事后证明采取的措施是得当的。

总之,爆破拆除工程风险防范应该根据不同项目特点及所处不同地区,采取科学、合理、有效的应对措施,特别需要考虑社会因素(包括不同政府部门的审批能力和效率)对工期造成的影响,与业主签订合同时最好清楚注明从爆破审批完全通过后开始计算工期,而这些审批来自公安、建设、国防、街道办等不同部门,审批次序会因为不同地方也会有所不同。需要在合同条款清楚列明审批时间是否计算工期,尽量降低工期延误引致的经济赔偿风险。由于对地区审批程序及社会环境不熟悉,随着工程项目开展,相应的应对措施也应该根据风险因素的变化而适时调整,保证所采用的措施有效可行。⑤

浅说项目沟通管理

顾慰慈

(华北电力大学，北京 102206)

一、沟通及其在项目管理中的重要性

(一)沟通与协调

协调是指协同和调整，也就是调整关系，协同活动。所以组织协调是指调整有关各方的关系，正确处理所发生的问题及矛盾，统一思想，排除障碍，协同工作，以保证工程项目的顺利实施和完成。

沟通的含义是交流和交换，也就是交流思想、交流感情、交流信息和交换意见，以达到统一思想、协同步调的目的。

因此可以说，协调是工作的目标，而沟通是达到这一目标的手段，协调是通过沟通来达到和实现的。

(二)沟通的对象

项目沟通的对象是与项目有关的内部组织与个人和外部组织与个人。

内部组织是指项目承包方各职能部门和项目经理部各职能部门。外部组织是指建设单位、设计单位、监理单位、质量监督部门和政府有关部门(如安全部门、消防部门、环保部门和建设管理有关部门等)、供货单位，以及供水、供电、供气、供暖等单位、分包单位等。

(三)沟通在项目管理中的重要作用

沟通在项目管理中的重要作用主要有以下几方面：

(1)良好的沟通是项目正确决策的必要条件，项目决策者只有及时掌握了充分和准确的大量信息，才能作出切合实际的决策。

(2)良好和有效的沟通是项目顺利实施和胜利完成的重要保证，通过充分沟通使组织内部人人都能明确项目目标，消除分歧，达成共识，统一思想，才能做到行动一致、共同努力来完成项目的总目标。

(3)通过沟通使组织内部人与人之间能够互相理解，减少摩擦，化解矛盾，从而建立起良好的项目团队，保持良好的团队精神。

(4)通过沟通使项目的目标、计划和实施状况人人明确，并为大家所接受，从而使项目目标成为群众目标，成为大家行动的指南，因而充分调动大家工作的主动性和积极性。

(5)通过沟通使项目与外部组织之间消除误解，取得认同，排除障碍，获得配合和支持，以确保项目目标的实现。

二、沟通的类型及沟通方式

(一)沟通的类型

1.浅层沟通与深层沟通

(1)浅层沟通

浅层沟通是工程项目建设中信息传递的重要部分，其内容一般仅限于项目建设工作中的必要部分和基本部分，如将工作建议告诉某某人等，属于必要的行为信息的传递和交换。

(2)深层沟通

深层沟通是指相互间深层次的交谈和了解，如在个人感情、工作态度和看法、价值观等方面深入地相互交流、谈心等均属于深层沟通。深层沟通一般不在正式工作的时间内进行,通常仅在两人之间进行。

2.双向沟通和单向沟通

(1)双向沟通

双向沟通是指有反馈的信息沟通,如讨论、交谈等均属于双向沟通。在双向沟通中,沟通者可以检查接受者是如何理解信息的,也可使接受者明白其所理解的信息是否正确,并可要求沟通者进一步传递信息。

(2)单向沟通

单向沟通是指没有反馈的信息沟通,如电话通知、书面指示等。通常当面沟通往往是双向沟通,因为沟通者虽然没有直接听到接受者的语言反馈,但从接受者的面部表情、聆听态度等方面就可获得部分反馈信息。

在工程建设中,通常在要求接受者接受的信息准确无误时,或处理重大问题时,或作重要决策时,宜采用双向沟通;而在强调工程进度和工作秩序或者执行例行公事时宜采用单向沟通。

3.正式沟通与非正式沟通

(1)正式沟通

正式沟通是指组织中依据规章制度明文规定的原则进行的沟通,如组织间的公函来往、组织内部的文件传达,如开会议、上下级之间的定期情报交换等。

(2)非正式沟通

非正式沟通与正式沟通不同,它在沟通对象、时间及内容等方面都是未经计划明确的,而其沟通途径是通过组织成员的关系。

4.上行沟通、下行沟通与平行沟通

(1)上行沟通

上行沟通是指将下级的意见向上级反映,即自下而上的沟通。上行沟通又可分为两种,一种是层层传递,即按照一定的组织原则和组织程序逐级向上反映;另一种是由员工直接向最高决策者反映。

(2)下行沟通和平行沟通

下行沟通是指上级将指令、命令传达给下级,是由上而下的信息传递和沟通。

平行沟通是指平级的各个部门之间的信息交流,以增进各部门之间的相互了解和协作,减少和避免相互间的矛盾和冲突。

5.语言沟通与非语言沟通

(1)语言沟通

语言沟通是指建立在语言文字基础上的信息交流,通常又可分为口头沟通和书面沟通两种。

1)口头沟通。口头沟通是所有沟通形式中最直接的沟通方式,它可以迅速获得信息的反馈,并从检查接受者对信息的理解和接受的程度和情况检查其中的不足和不正确的地方,进行补充和改进。常见的口头沟通包括交谈、报告、演说、正式和非正式的讨论以及传闻及小道消息的传播等。

2)书面沟通。书面沟通是指用书面形式进行信息交流,这种沟通形式因其具有书面记录,所以可长期保存,便于事后查询,易于复制和传播,十分有利于大规模的传播。书面沟通的缺陷是其缺乏内在的反馈机制,不能及时提供信息反馈,因此无法确保所发出的信息被接受并被正确理解。

(2)非语言沟通

非语言沟通是指通过某些媒介而不是讲话或文字来传递信息。非语言的信息往往能够非常有力地表达某种感情,例如扬扬眉毛、耸耸肩头、突然离去等,都能够发送出许多有价值的信息。

非语言沟通一般包括身体语言沟通、副语言沟通和物体的操纵。

1)身体语言沟通。身体语言沟通是通过动态无声的目光、表情、手势等身体动作或者是表态无声的身体姿势、空间距离和衣着打扮等形式来实现沟通。

2)副语言沟通。副语言沟通是通过非语言的声音,如重音、声调的度化、哭、笑、停顿等来实现的。副语言在沟通过程中起着十分重要的作用,例如语言表达方式的度化,尤其是语调的度化,可以使字面相同的一句话具有完全不同的含义。

3)物体的操纵。物体的操纵是指通过物体的运动环境的布置等手段进行的非语言沟通。例如,在中国古代,主人在会客时端起茶杯而并未喝茶,就暗示送客的时间到了;在某个工程施工工地,项目经理在讲话时无意地拉了拉安全网,讲话结束,项目经理刚离开,工长立刻要求员工检查安全网。

6.人际沟通、群体沟通和组织沟通

(1)人际沟通

人际沟通是指人和人之间的信息和情感的相互传递过程。

(2)群体沟通

当沟通发生在具有特定关系的人群中时,就是群体沟通。

（3）组织沟通

组织沟通是指涉及组织的各类型沟通，它包括组织内部沟通和组织外部沟通。组织内部沟通包括组织与内部员工和组织内部各部门之间的沟通。组织外部沟通是指组织与相关单位（如建设单位、设计单位、监理单位、质量监督单位、分包单位、供货单位等）和政府部门之间的沟通，以及组织与社区、新闻单位、同行业之间的沟通。

（二）沟通的方式

沟通的方式又称为沟通的渠道，是指信息传送的途径，通常可分为正式沟通和非正式沟通两类。

1.正式沟通方式

正式沟通方式通常有5种模式，即链式、轮式、环式、Y式和全通道式，如图1所示。

（1）链式沟通方式：信息通过自上而下或者自下而上进行交流。

（2）轮式沟通方式：由重要的主管部门分别与下属部门进行沟通，主管部门成为个别信息的汇集点

和传递中心。

（3）环式沟通方式：信息通过不同成员之间依次传递，这种沟通方式有助于形成良好的团队。

（4）Y式沟通方式：项目中的一个成员或组织位于沟通活动的中心，成为沟通活动的媒介和中间环节。

（5）全通道式沟通方式：这种沟通方式是一个开放的信息沟通系统。其中，每一个成员之间都有一定的联系，彼此相互了解。这种沟通方式适用于民主、合作精神较强的组织中。

2.非正式沟通方式

非正式沟通方式是成员之间通过人们建立起来的各种非正式关系来沟通信息，了解情况，影响人们的行为，也称为小道消息的传播方式。非正式沟通方式通常可分为单线式、流言式、偶然式和集束式等4种模式，如图2所示。

（1）单线式沟通方式：信息由A通过一串人传播给最终接受者。

（2）流言式沟通方式：流言式沟通方式又称为闲

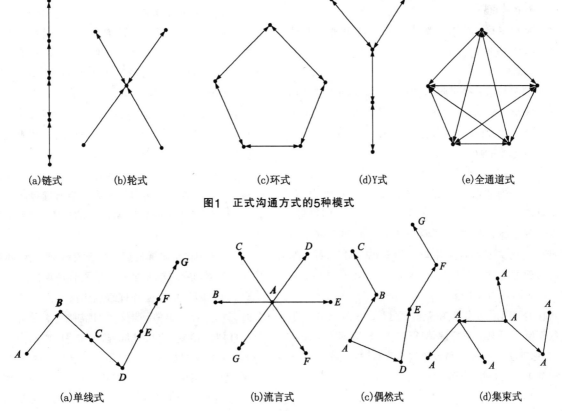

（a）链式　（b）轮式　（c）环式　（d）Y式　（e）全通道式

图1　正式沟通方式的5种模式

（a）单线式　（b）流言式　（c）偶然式　（d）集束式

图2　非正式沟通方式的4种模式

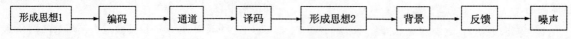

图3 沟通的过程

谈传播式,信息由 A 传播给他人,如在小组会上传播小道消息。

(3)偶然式沟通方式:偶然式沟通方式又称机会传播式,信息由 A 按偶然的机会传播给他人,他人又按偶然的机会再传播给其他人,无固定的线路。

(4)集束式沟通方式:集束式沟通方式又称为群集传播式,信息由 A 有选择地告诉相关的人,相关人再有选择地告诉其他人,按照此种方式进行信息的传播,称为集束式沟通方式,这是一种常见的较普遍的传播方式。

三、沟通的过程和沟通的途径

(一)沟通的过程

沟通过程是指发送者将信息通过选定的方式或渠道传递给接受者的过程,通常一个信息的沟通过程包括:(1)形成思想 1,(2)编码,(3)通道,(4)译码,(5)形成思想 2,(6)背景,(7)反馈,(8)噪声,如图3所示。

1.形成思想 1

形成思想 1 是指发送者对所要传递的信息形成明确的思想,即明确所要传递的信息。

2.编码

编码是指发送者将其思想编成一定的文字等语言符号及其他符号。发送者在编码过程中应尽可能地、准确无误地表达发送者的真正思想和意图,不至于被接受者曲解和误解。

3.通道

通道是指发送者用于传递信息的媒介物,如面对面交谈、书面通知、电话、电报、电传、网络等。不同的信息内容要求不同的通道,例如工程项目的有关批文就不宜采用口头形式的通道,而应采用书面通道。

4.译码

译码是指接受者在接收信息后,将符号化的信息还原为思想,并理解其意义。译码与编码应完全"对称",也就是译码与编码完全吻合,发送者的想法和意图完全被接受者接收。

5.形成思想 2

形成思想 2 是指接受者在接收信息和译码后,将所接收的信息形成接受者的思想。完美的沟通应该是传送者的思想 1 经过编码与译码之后,接受者形成的思想 2 与思想 1 完全吻合,也就是发送者的意图完全为接受者准确无误地理解。

6.背景

沟通总是在一定背景中发生的,任何形式的沟通都要受到各种环境因素的影响。一般影响沟通过程的背景因素有:

(1)心理背景:心理背景是指沟通双方的情绪和态度。

(2)物理背景:物理背景是指沟通发生的环境气氛,例如沟通是在室内进行还是在大庭广众中进行。

(3)社会背景:社会背景是指沟通双方社会角色关系和对沟通发生影响的人。

(4)文化背景:文化背景是指沟通者长期的文化积淀,包括价值取向、思维模式、心理结构等。

7.反馈

反馈是指接受者将信息返回给发送者,并对信息是否被理解进行核实。反馈是沟通体系中的重要环节,通过反馈能够确认信息是否已经得到有效的编码、传递和译码,有利于增强沟通的有效性。

8.噪声

噪声是指妨碍沟通的各种因素,它存在于沟通过程的各个环节,并有可能造成信息失真。典型的噪声包括以下几方面因素:

(1)影响信息发送的因素主要有表达能力不佳,信息——符号系统的差异(指发送者和接受者的信息——符号系统不同),知识经验的局限,个人形象的好坏等。

(2)影响信息传递的因素主要有外界干扰、物质条件的限制、信息遗失、媒介选择不合理等。

(3)影响信息接受和理解的因素主要有接受信息时存在选择性(即所谓信息"过滤")、接受者的译码和理解的偏差、信息过量、阶层差别(如社会地位的差距)、目标差异等。

(二)沟通的途径

沟通的途径也称为沟通的媒介,主要包括以下几方面:

1.口头沟通

2.文字沟通(包括书面和屏幕形式)

3.音频、视频、通信(包括远程通信)

除了上述常用的几种方法之外,旗帜、其他标志物、颜色、灯光、符号等都可表示一定的含义,传达一定的信息。另外,在人们面对面交流时,人的衣着、身体的姿势、肢体的动作(如眼神、手势、面部表情等)等也都是重要的沟通方法,可以传达重要的信息。

四、沟通中应注意的问题

(一)在人际沟通中

1.加强自我修养

(1)要树立正确的人生观、世界观。

(2)要重视个性锻炼,做到自尊、自重、自信、自强、自立,心胸开阔,热情开朗。

(3)要正确地评价自己,这是搞好人际关系的关键。

2.善于与人相处

(1)严于律己,就是要严格要求自己。

(2)聪明而不流于油滑。

(3)勇敢而不失于鲁莽。

(4)豪爽而不落于粗俗。

(5)热情而不趋于虚伪。

3.重视感情投资,加强人际亲和力

(1)真诚地、实事求是地肯定和赞扬人。

(2)热情地关怀人,将真挚的感情注入人的心灵中。

4.善于牺牲自我利益,多从对方的立场考虑问题

(1)不斤斤计较个人利益,在必要的时候要善于放弃自己的利益。

(2)给人以宣泄怨愤的机会,包括对自己的怨恨。

(3)从长远的整体利益出发来考虑和处理问题。

(4)多从对方的立场和角度来看待问题。

5.正确对待几种特殊人物

(1)正确对待部属:尊重部属,礼贤下士,调动广大群众的积极性。

(2)正确对待亲者:对待与自己"谈得拢"、"合得来"的人,为自己所信任的人,要保持一定距离,做到任人唯贤。

(3)正确对待与自己闹对立的人:尽量避免与他们产生冲突和纷争,非原则性的小事情多忍让,多原谅对方的缺点和错误。

(4)正确对待有缺点和错误的人:人非圣贤,孰能无过?所以要正确对待有缺点错误的人,要有宽容大度的胸怀,有容人之短、扬人之长的胆识,敢于利用在某一方面有突出才能的人。

(5)正确对待有才能的人:要做到尊重人才,爱才如命,敢于任用有才能的人,决不可妒嫉才能高于自己的人。

(二)在组织沟通中

1.明确沟通的目的。有助于沟通者清晰地表达自己的意图和感情,可以有效地防止沟通中的盲目倾向,便于沟通者检查沟通结果,从而提高沟通技能,促进沟通的有效性。

2.慎用语言及文字。语言和文字是沟通中信息传递的重要工具,在沟通中应尽量使用通俗易懂的语言,提高语言的表达能力,以便于接受者正确理解。

3.注意面谈的细节。面谈的细节包括声调、语气、节奏、面部表情、身体姿势和轻微的动作等。

4.充分利用反馈信息。面谈对象的眼神、面部表情、身体姿势等通常都暗含着无法用语言表达的态度和心理倾向,所以沟通者应善于从接受者的表情部获得反馈信息,增强和改进沟通效果。

5.克服不良习惯。主要包括:

(1)对沟通对象所谈的主题不感兴趣;

(2)注意力不集中,心不在焉,听别人讲话时还在思考别的问题;

(3)听到与自己意见不同的地方就过分激动,不愿再听下去;

(4)只注意事实,而不注意原则和推理;

(5)对欠条理的人的讲话重视不够。

6.加强组织建设。

(1)组织应具有团队精神,民主气氛浓厚;

(2)机构精练,层次简化,职责分明;

(3)建立各类人士、职能部门、上下级之间的协商对话制度,定期或不定期地交流对主要问题的看法,增进了解,统一认识;

(4)有信息中心,专门负责信息沟通网络的正常运行,对各类信息认真筛选加工,向决策者输送准确、完整、有用、适量的信息。

7.建立建议和质询制度。鼓励员工提出有益的、

建设性的意见，通过征求普通员工改进工作的意见来加强上行沟通，而质询制度则提供了一种答复有关方面提出的有关组织问题的正式手段。

8.开展相关各方调查和调查反馈。对现有各方的态度和意见进行调查，是一种有利于上行沟通的手段。

9.充分利用电脑网络等先进的信息技术。

(三)利益双方的争端沟通处理

1.处理利益双方之间争端的原则

(1)要冷静公正、不偏不倚。

(2)要充分听取双方的意见。

2.调解下属之间矛盾争端的技巧

(1)晓以大义，帮助下属树立全局观念。

(2)换位思考，促进下属间相互理解。

(3)折衷调和，求同存异求和谐。

(4)创造轻松气氛，缓解紧张局势。

(5)对争端冷却降温。

(6)注意给双方留有台阶(后路)。

(7)加强制度建设，以便调解争端中有据可依、有章可循。

(8)事前预防，加强沟通。

五、项目的沟通管理

(一)沟通管理的含义

项目的沟通管理是指为了确保项目信息及时准确地提取、收集、分发、存储、处理而采取的一系列管理措施。

(二)项目沟通管理的程序

项目沟通管理的程序是首先进行信息的提取和收集，根据信息的性质确定信息是否需要进行沟通，何时进行沟通，并规定沟通的范围和沟通的方式，然后实施沟通。如果确定所收集的信息不需或暂时不需沟通，则应进行信息的加工处理，并进行保存。沟通管理的基本程序如图4所示。

(三)项目沟通计划

1.项目沟通计划编制的依据

项目沟通管理主要依据下列文件来编制：

(1)项目的合同文件；

(2)项目各相关组织，包括建设单位、设计单位、监理单位等的沟通要求和具体规定；

(3)国家法律、法规和当地政府的有关规定，以及项目管理企业的相关制度；

(4)工程项目的具体情况；

(5)项目采用的组织结构；

(6)项目沟通方案的约束条件、假设前提，以及适用的沟通技术。

2.项目沟通计划

项目沟通计划应与项目管理的组织计划相协调，即应与施工进度、质量、安全、成本、资金、环保、设计变更、索赔、材料供应、设备使用、人力资源、文明工地建设、思想政治工作等组织计划相协调。

(1)信息沟通方式和途径。说明在项目的不同实施阶段，针对不同的相关组织及不同的沟通要求，拟采用的信息沟通方式和沟通途径，也就是说明信息(包括状态报告、数据、进度计划、技术文件等)流向何人、将采用什么方法(包括口头、书面报告、会议等)来分发不同类别的信息。

(2)信息收集归档格式。详细说明收集和储存不同类别信息的方法，包括对先前收集和分发的材料和信息的更新和纠正。

(3)信息的发布和使用权限。

(4)发布信息说明。其内容包括格式、内容、详细程度及应采用的准则和定义。

(5)信息发布时间。说明每一类沟通将发生的时间，确定提供信息更新依据或修改程序，以及确定在每一类沟通实施之前应该提供的现时信息。

(6)更新和修改沟通管理计划的方法。

(7)约束条件和假设。

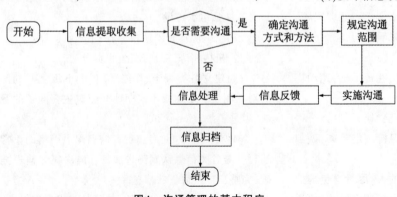

图4　沟通管理的基本程序

房建项目管理策划体系探讨

王 磊

(中国城市建设发展有限公司，北京 100037)

摘 要：项目策划是项目管理的灵魂，是对人、机、料、法、环、成本、资金等资源进行优化配置，是对授权、毛利、现金流、创优目标进行严密的计划，是项目投标管理的基础，是实施项目管理的指南，是制定项目管理目标责任书的依据，是项目管理量化考核的基础，是事前计划、事中检查、事后总结的依据。因此，在项目进行过程中，要以项目策划为龙头，带动项目投标、实施、解体全过程管理。本文针对项目管理策划，分别从意义、编制依据、主要内容和具体要求进行分析和探讨。

关键词：项目管理，策划，目标

项目策划工作根据项目进展阶段不同可分为以下三个阶段：

投标阶段：项目管理策划大纲，项目成本策划大纲；

实施阶段：项目管理实施策划，项目成本实施策划，项目商务合约管理策划，项目管理目标责任书；

竣工阶段：项目解体策划。

1 项目管理策划大纲

1.1 项目管理策划大纲的意义

项目管理策划大纲是项目投标阶段制定的策划纲要，体现了企业的经营思路和宏观管理思路；项目一旦中标，其将作为编制实施阶段各项策划的基础。

1.2 项目管理策划大纲的编制依据

根据招标文件、施工图纸、现行法律法规和工程实际情况，结合本企业的总体方针和管理思路，编制项目管理策划大纲。

1.3 项目管理策划大纲的主要内容和具体要求

项目管理策划大纲的主要内容包括但不局限于

投标策划，项目概况及实施条件，工程管理目标，施工项目组织构架，项目人员流量，工程总控进度计划，分包/分供商选择方案，施工机械及监测设备配置方案，主要技术方案及措施材料用量，重点、难点施工方案及四新推广计划，办公设备配置方案，现场临建配置方案，现场临水临电配置方案，质量目标保证措施，工期目标保证措施，安全、文明施工及 CI 目标保证措施，绿色施工目标保证措施。

每项内容具体要求如下：

投标策划：确定投标工作牵头人及小组成员；制定投标策略和工作原则；编制投标工作的计划。

项目概况及实施条件：项目规模描述；项目承包范围描述。针对招标文件的要求分析以下条件对竞争及项目管理的影响：招标条件；工程性质；现场条件；交通条件；市政条件；地质条件；自然条件等。

工程管理目标：招标文件要求的工程目标；针对市场需要及工程特点，公司拟订的工程目标。

施工项目组织构架：项目经理部组织构架及项目组成人数。

项目人员流量：拟订项目领导班子人员，计划项目管理人员流量。

工程总控进度计划：招标文件的工期要求及工期目标分解；排布施工总进度计划，确定主要的里程碑事件。

分包/分供商选择方案：确定分包及材料、设备采购方式。

施工机械及监测设备配置方案：确定主要施工机械设备配置及数量；根据工程特点确定监测设备的需用量。

主要技术方案及措施材料用量：确定主要分部分项施工方案；根据技术保证措施，计算措施材料用量。

重点、难点施工方案及四新推广计划：确定重点、难点部位施工，制订方案对策，并计算出特殊措施材料用量；确定项目四新推广项目，制定相应的推广方案，并计算实现推广活动，需增加投入的措施材料用量。

办公设备配置方案：根据工程规模，确定项目固定资产及低值易耗品的配置标准及数量，并确定资产来源、拟订进场时间。

现场临建配置方案：绘制现场平面布置图，确定现场临建配置数量、材质、配置方式、进场及使用时间。

现场临水临电配置方案：根据现场平面布置图，确定临水临电配置方案、数量、配置方式。

质量目标保证措施：对拟订的工程质量目标进行分解，制定相应的保证措施，并计算措施材料用量。

工期目标保证措施：对拟订的工程工期目标进行分解，制定相应的保证措施，并计算措施材料用量。

安全、文明施工及CI目标保证措施：对拟订的工程安全、文明施工及CI目标进行分解，制定相应的保证措施，并计算措施材料用量。

绿色施工目标保证措施：坚决贯彻国家节地、节能、节水、节材的"四节"政策，促进国家倡导的绿色建筑健康快速发展，建设环保、高效、安全和舒适的人居环境。对拟定的绿色施工目标进行分解，制定相应的保证措施，并计算措施材料用量。

2 项目成本策划大纲

2.1 项目成本策划大纲的意义

项目成本策划大纲是项目投标阶段策划的成本纲要，作为投标报价的决策依据；项目一旦中标，将作为项目成本实施策划的编制基础。

2.2 项目成本策划大纲的依据

项目成本策划大纲的编制依据除招标文件、工程图纸等与投标相关的文件外，同时应将项目管理策划大纲作为其编制的重要依据。

2.3 项目成本策划大纲的主要内容

项目成本策划大纲主要包括汇总表、分包成本、人工费成本、物资采购、周转材料、机械设备租赁、机械设备折旧、现场其他直接费、临设、临水临电、水电费、技术措施、低值易耗、办公设备折旧、职员费用、财务费用、勘察设计费、成本单价分析、指定分包等共19个方面。

3 项目管理实施策划

3.1 项目管理实施策划的意义

项目管理实施策划是项目实施阶段策划工作的核心，为实施阶段的项目管理工作指明了方向，体现了企业对项目的管理思路和要求，也是编制其他策划的基础和指南。

3.2 项目管理实施策划的编制依据

根据项目管理实施策划大纲，结合本企业的质量、环境、职业健康安全管理体系文件及相关管理手册，以及合同、法律法规和本工程的具体实际情况进行项目管理实施策划。

3.3 项目管理实施策划的主要内容和具体要求

项目管理实施策划的主要内容包括但不局限于项目经理授权，工程概况及项目管理目标，工程施工总控进度计划，项目管理人员配备情况，项目人员流量，分包选择方案，物资采购方案，施工机械及监测设备配置方案，办公设备配置方案，现场临建方案，临水临电方案，主要技术方案，资金流量计划，现场管理费，管理人员工资和津贴。

每项内容具体要求如下：

项目经理授权:明确项目经理部在分包商、材料设备供应商选择上,及项目管理费使用上的权限。

工程概况及项目管理目标:简述工程相关情况,根据合同承诺,结合公司的质量、环境、职业健康安全方针和目标,及公司近期发展规划和创优计划提出项目管理目标(包括工期、质量、环境、职业健康安全、成本、技术等目标)。

工程施工总控进度计划:总控进度计划应明确各分部分项工程的搭接关系、各施工阶段的里程碑时间、关键线路等。

项目管理人员配备情况:根据工程规模大小及其特点,确定项目经理部的组织机构及人员数量。

项目人员流量:确定项目领导班子人员,计划项目管理人员流量。

分包选择方案:确定分包项目、分包工作内容、分包方式、分包商选择方式及计划进场时间等,包括业主直接分包部分。

物资采购方案:确定物资采购范围、采购方式及使用时间等。

施工机械及监测设备配置方案:提出主要施工设备及监视和测量设备的配置方案,确定设备的规格、数量、来源和使用时间。

办公设备配置方案:提出主要办公设施、设备的配置方案,确定设备的规格、数量、来源和进场时间。

现场临建方案:提出现场临建方案,确定临建的规格、数量、来源和进场时间。

临水临电方案:提出临水临电方案,确定临水临电的规格、数量、来源和进场时间。

主要技术方案:确定影响项目成本的主要分部分项工程及特殊工序的施工方案名称、施工部位、施工方法及主要措施材料用量等。

资金流量计划:确定资金的收支计划。

现场管理费:确定办公费、业务招待费、市场营销费用、交通费用、物业费、无形资产摊销、固定资产折旧、职员费用、其他费用、税金。

管理人员工资和津贴:确定人数、工作时间、基本工资、奖金、收入调节税、健康保险、午餐补贴、现场津贴、探亲差旅费、住房公积金等。

4 项目成本实施策划

4.1 项目成本实施策划的意义

项目成本实施策划是项目成本控制、管理、考核的重要依据,是对项目成本策划大纲的修订、补充和完善。

4.2 项目成本实施策划的编制依据

项目中标后,根据项目成本策划大纲和项目管理实施策划,细化项目成本构成,核算、预测项目实际成本,形成项目的目标成本;一般在项目中标后两个月内或项目管理实施策划完成后一个月内完成。

4.3 项目成本实施策划的作用和主要内容

成本管理是全员参与的一项工作,项目成本实施策划的作用是使每一个项目成员了解项目成本,针对目标成本进行控制,建立全过程经营、全过程管理的理念,分阶段重点进行成本管理工作:

准备阶段:商务资料建档,商务工作计划,工程量计算,成本测算,盈亏分析,二次经营方案。

过程控制:成本月度管理(成本数据月度汇总,月度开累利润)。

完成阶段:成本核算。

5 项目商务合约管理策划

5.1 项目商务合约管理策划的意义

项目商务合约管理策划是实现项目成本目标的管理保证文件,编制项目合同的分类管理计划,分析各类合同执行中存在的优势和可能存在的风险,制定相应的保证或应对措施,保持优势、化解风险、避免不必要的法律纠纷,保证项目收益。

5.2 项目商务合约管理策划的编制依据

根据项目成本策划大纲、项目管理实施策划和项目成本实施策划的相关内容,编制项目商务合约管理策划。

6 项目管理目标责任书

6.1 项目管理目标责任书的意义

项目管理目标责任书是对项目毛利、现金流、成本、质量、工期、CI及各项创优等重点管理目标进行明确,是项目经理部全体人员与公司责、权、利的进一步明确,是项目经理部在完成工程建设的阶段目标及工程竣工后,取得奖罚兑现的依据。

6.2 项目管理目标责任书的编制依据

根据项目管理实施策划、项目成本实施策划和项目商务合约管理策划,编制项目管理目标责任书。

6.3 项目管理目标责任书的主要内容和具体要求

项目管理目标责任书的主要内容包括但不限于工程概况,公司对项目经理部的管理,项目经理权限,项目班子构成及隶属关系,项目经理部职责,项目责任目标,考核、兑现。

每项内容具体要求如下:

工程概况:简述工程名称、工程地点、建设单位、合同额、合同工期等工程相关情况。

公司对项目经理部的管理:明确公司对项目管理的方式。

项目经理权限:对项目经理在项目管理上可行使的审批权范围做出明确规定,实行授权管理。

项目班子构成及隶属关系:明确项目经理部班子构成的主要成员,及隶属关系。

项目经理部职责:阐述项目经理部在项目管理上的责任、义务及主要工作内容。

项目责任目标:量化明确成本、现金流、质量、安全、科技等项目管理目标。

考核、兑现:项目经理部考核依据、时间及方式;项目奖罚兑现管理办法等。

7 项目解体策划

7.1 项目解体策划的意义

项目进行至尾声,各项工作已按照各项策划内容和具体要求分阶段落实。项目解体策划在竣工验收前一至三个月编制,保证项目从竣工验收到解体阶段工作有序进行。

7.2 项目解体策划的编制依据

根据项目管理实施策划的相关内容,编制项目解体策划。

7.3 项目解体策划的主要内容和具体要求

项目解体策划的主要内容包括但不限于项目解体工作进度计划,目标阶段情况及后续完成计划,现场管理人员撤场计划,剩余物资、周转材料、施工机械及检测设备撤场计划,办公设备撤场计划,现场临建撤场计划,现场临水临电撤场计划,项目竣工至解体期间费用计划。

每项内容具体要求如下:

项目解体工作进度计划:就与项目竣工相关的各项工作做出具体的时间安排。

目标阶段情况及后续完成计划:对已完成的工作进行总结,明确尚未完成的目标的完成时间和责任人。

现场管理人员撤场计划:明确管理人员撤场的时间、姓名、岗位等。

剩余物资、周转材料、施工机械及检测设备撤场计划:盘点各类剩余材料、设备的数量、规格,提出处置方案及撤场时间。

办公设备撤场计划:盘点办公设备的数量、规格、使用状态,并提出处置方案及撤场时间。

现场临建撤场计划:盘点现场临建的数量、规格、使用状态,并提出处置方案及撤场时间。

现场临水临电撤场计划:盘点现场临水临电的数量、规格、使用状态,并提出处置方案及撤场时间。

项目竣工至解体期间费用计划:明确费用组成,合理计划开支。

项目策划明确了项目的管理目标,优化了公司的资源配置,明晰了项目经理部责、权、利三者之间的关系,体现了法人管项目的集中、集约、集权的"三集中"原则。

同时,项目策划应注意时效性。我们在开工前期,无法完成项目的成本预测,要把策划分为管理策划、成本策划,要求项目在开工前完成项目管理策划,在项目管理实施策划完成后一个月内完成成本策划,解体策划也应在竣工交付前一至三个月完成。

随着科学技术的不断进步和社会日新月异的发展,建筑行业出现施工难度增大、管理体系复杂的趋势,项目管理策划的重要性越来越突出,项目策划的好坏直接决定了项目实施的成败。研究探讨项目管理策划体系,以适应我国快速发展的建设需要。Ⓕ

浅议大型国际工程承包项目的合同管理工作

（河北省秦皇岛市建设工程交易中心，河北 秦皇岛 066001）

刘新爱

摘 要：我国对外经济合作业务，特别是国际工程承包项目的开展，已经跨入了联合体型承包模式的阶段，如何抓好合同管理工作是联合体型模式下的大型国际工程承包项目成败的关键因素。

关键词：国际工程承包项目，合同管理

国际工程承包项目的不断开展，在我国对外经济合作业务中扮演着举足轻重的角色，大型国际工程承包项目执行难度的日益增强，要求我国的对外工程建设公司必须提高自身的应对能力和运作能力，而如何切实加强对国际工程承包项目的合同管理工作，确保大型国际工程承包项目成为对外工程承包企业经济效益的重要增长点是一个至关重要的问题。本文就此提出自己的观点和认识。

一、大型国际工程承包项目的出现，标志着我国的对外经济合作业务已跨入新阶段

我国的对外经济合作，特别是国际工程承包业务从20世纪80年代开始，至今已有近30年的发展历程。30年来，我国的对外工程承包企业从无到有，从小到大，其发展和跨越可分成几个阶段：

第一阶段是为配合国家援外政策，派出少量工程技术劳务人员，实质上是一种单纯的劳务输出；第二阶段是承担国际工程总承包项目的单一分承包商的任务，或设计或施工或安装或采购；第三阶段是承担国际工程项目的设计、施工、采购总承包商（EPC）和项目管理总承包商（PMC），涉足国际工程承包项目管理的全过程；第四阶段是与国外著名公司组成联合体承包建设一些金额巨大和建设期较长的大型国际工程承包项目，这是我国对外经济合作业务的新跨越。

二、做好大型国际工程承包项目的合同管理工作需要处理好的几个环节

随着我国涉外工程建设企业的发展壮大，一些综合实力较强的对外工程承包公司，特别是石油石化和水电行业的公

司已经脱颖而出，在国际工程承包市场中跨入了上述第四个阶段，即与国外著名的大公司采用强强联合的方式来承包国内涉外项目或国外大型的工程总承包项目。这种联合体型(JV)承包经营模式(以下简称JV)下的国际工程承包项目的主要特点是：金额大、建设周期长、工程复杂、合同关系头绪多、风险大、效益高。合同管理工作尤为重要。切实抓好项目的合同管理工作是保证项目经济效益、规避风险、实现经营策略的重要保证。

笔者以为，JV模式下项目的合同管理工作应该抓住以下几个环节的工作。

1.构建有效、安全、双赢的联合体合同结构

承包联合体各方签署内部合同是JV模式下有效执行工程总承包项目的基础。联合体合同须具备有效、安全和双赢的特点。有效是指联合体合同要体现联合体各方的特点和优势，确保工程总承包项目的执行；安全是指联合体合同各方要明确各自的责任并提供有效的保证方式；双赢是指联合体各方要平等互利，享有各自的或共同的利益。

一般说来，联合体合同要包括的内容至少有：联合体各方在工程总承包合同执行中承担的角色和工作范围界定；保证的方式以及担保的方式；工程总承包合同管理的模式；财务管理方式；费用控制方式；内部审计方式；项目利润分配方式；项目组织机构的设立方式和人员组成；适用的基本法律等。

笔者曾经研究过一个中国公司的类似案例，由于缺乏经验，该中国公司在与日本的某工程公司签署JV联合体协议承包一个大型的国际工程承包项目时，联合体内部的分工和财务管理方式规定欠妥而导致该公司在项目的运作中，特别是海外部分的执行中基本失去了对联合体外方公司的控制手段和能力，联合体内耗较大。

2.认真研究工程总承包合同，以承包合同为武器，做好工程承包主合同的管理工作，最大程度地保护JV各方的利益

一般来说，JV模式下的工程承包合同合同金额比较巨大，执行难度和执行风险也比较大。但承包合同的一般条款都符合国际承包合同的惯例规定，合同一般由技术和商务两大部分组成，技术部分主要

包括：工作范围、服务范围、设计采购施工执行计划、进度、工业装置技术指标能力要求等。商务部分主要包括：合同价格、发票支付程序、银行担保和信用证方式、合同变更等。在合同正式签署及生效之后，合同管理人员要认真研究合同的结构，明确合同规定的总承包商的责任和权益，明确工作范围和工作内容、时限。特别是商务合同的内容，在主合同的基础之上要争取到一个最理想的商务合同条款实施细则，特别是在项目进度检测和工程款支付方面。

3.加强对合同执行过程的管理，注重合同变更和索赔环节

在总承包合同进行过程中，做好分承包合同的管理和变更的管理是项目合同管理的重要工作，通过选择合格的分承包商可以合理地转移项目主合同的风险，保证项目主合同的正常实施，这就要求必须将主合同的主要条款准确地体现在分承包的合同条款中，科学运用，将主合同对总承包商的要求转变成对分承包商的要求。

加强合同执行过程中的管理就是要针对设计、采购、施工阶段的所有合同进行管理，主要包括设计分承包合同、采购供应合同以及施工分承包合同的管理。对设计分包合同而言，要明确设计的范围、合同价格、设计使用的技术标准、设计图纸的交付周期和控制点；对采购供应合同而言，要选择合格的供货商，明确交货周期、合同价格、质量保证条款，货款支付条款要争取最有利的方式。采购部分成本在大型项目的总成本中所占的比例一般都超过60%以上，所以做好采购合同的管理是至关重要的，决定着项目的成败；对施工分包合同而言，要选择合格的施工分包商，明确合同价格、施工人员动迁时间、施工进度款的支付、银行保函的提供、施工机具使用、施工进度安排和里程碑的确定、施工质量等内容。在项目的执行过程中，切实加强对以上各种合同的管理和监控工作，发现异常现象应及时予以纠正。

合同变更和索赔工作是保证项目经济效益的重要环节。要制定一套完整和科学的变更管理程序。合同的变更包括针对主合同的变更，也就是要及时根据项目的情况向业主主动提出变更的申请(VOR)，主要包括设计变更、施工变更和采购变更等，在规定

劳务分包合同
在签订及履行过程中应注意的问题

蒋观宇

(泛海建设集团股份有限公司 合同中心，北京 100055)

劳务分包企业只是以企业的劳务人员向工程承包人提供劳务作业，而工程承包人则是向发包人按工程项目或单位工程承包整个工程，既提供劳务又提供材料设备等，还要进行工程的施工管理，其承包内容是全面的，即使承包人将部分工程分包出去，也要承担管理责任。而劳务分包企业则只提供劳务作业人员，实施分部分项工程的劳务作业，对劳务作业的工程质量和安全生产负责，而不是全面管理整个工程。

一、劳务分包合同在签订过程中应注意的问题

1.签订劳务分包合同的依据为"一个依据、一项原则、一个前提"

"一个依据"是依据法律和法规，签订劳务分包合同必须依据《合同法》、《建筑法》以及有关的法律

时间内要及时向业主上报有关变更引起的费用估算、进度估算等，在得到业主的审批后要及时组织人力完成。对业主主动提出的变更要求(VOI)，要在规定的时间内给予评估和反馈，或同意或否决都要使用文件的形式。对于业主和承包商双方都认可的变更要适时形成变更合同纳入主合同的管理范畴。

在项目的实施过程中，往往会出现施工分承包商向 JV 总承包商提出索赔的情况，这就要求施工合同的管理人员能够及时对此类问题进行分析和反馈，以分包合同为武器，通过谈判的方式最大限度地维护 JV 的利益。

4.做好合同的关闭工作

合同的关闭工作包括工程完工关闭、财务关闭和法律关闭等部分。工程完工关闭主要是指对项目实体装置建设的机械交工和业主验收环节，主要是要取得业主的书面验收证明；项目的财务关闭是指将项目项下的财务事项完成，主要是取得 100% 的工程款项以及税收审计；法律关闭是指将承包商开具给业主的各种银行保函(履约保函、预付款保函、保留金保函)得到释放和撤回。

总之，强化 JV 模式下工程承包项目的合同管理就是要充分发挥联合体各方的各种优势，诸如技术优势、人才优势和管理优势、业绩优势、企业文化优势等，加强沟通和管理，从而形成 JV 联合体在执行具体项目上的整合优势，使得大型工程总承包项目能够顺利地实施，保证总承包商的利益。

和行政法规。

"一个原则"是遵循平等、自愿、公平和诚实信用原则。

"一个前提"是必须是施工总承包人和发包人签订了施工承包合同,或专业工程承(分)包人和发包人(施工总承包人)签订了专业工程承包合同或分包合同。

2.签订的合同条款应特别明确下述内容

①劳务分包人的资质专业及等级、资质证书发证机关和号码、复审时间及有效期。

②必须按照总承包合同或专业工程承 (分)包合同的工程名称填写劳务分包合同工程名称,也应将工程所在地点详细写出。

③劳务分包范围,应按照《建筑业企业资质管理规定》劳务分包作业类别填写合同,承担什么分包专业,就填什么。如木工作业、砌筑作业等。如果总承包合同或专业工程承(分)包合同附有工程量清单时,应将清单内所列涉及劳务分包作业的工程量写入分包范围内。

④提供劳务内容,应在合同内写明是按主要工程成建制提供,还应将提供的工种、等级和数量写明。

⑤关于质量标准,根据中华人民共和国建设部和国家质量监督检疫总局于 2001 年 7 月 20 日发布的《建筑工程施工质量验收统一标准》之规定"建筑工程施工质量应符合本标准和相关专业验收规范。"本条款约定了劳务分包工程质量验收标准,必须符合《建筑工程施工质量验收统一标准》规定的分部、分项工程划分按"检验批"、"分项工程"、分部(子分部)工程和相关专业验收规范要求。

3.劳务分包合同的文件组成

劳务分包合同的文件主要由两部分组成:

①双方当事人签订的劳务分包合同是双方必须履行的文件。涉及本合同的附件,如双方协商一致的补充协议,工程变更签证,劳务分包人提出的经双方确认的分包报价单等,也都是依附劳务分包合同的组成文件,在履行劳务分包合同时,如果有这些附件,也是必须履行的。

②由于劳务分包合同属于从合同性质,劳务分包人在履行劳务分包合同时,如果劳务分包是向施工总承包人分包劳务,则同时还要履行涉及劳务分包工程的施工总承包合同条款;如果劳务分包是向专业工程承(分)包人分包的劳务,则同时还要履行涉及劳务分包工程的施工专业承(分)包合同的合同条款。因此,与劳务分包合同相关的施工总承包合同或施工专业承(分)包合同也是组成劳务合同的重要内容。

二、劳务分包合同在履行过程中应注意的问题

由于劳务分包人在履行劳务分包合同时,还要履行总(分)包合同内涉及劳务分包工程,除有关承包工程价格以外的其他相应条款。因此,工程承包人必须向劳务分包人提供总(分)包合同,提供方式有两种:一种方式是劳务分包人向承包人查阅总(分)包合同,承包人必须提供;另一种是当劳务分包人向承包人要求提供一份总(分)包合同时,承包人应提供总(分)包合同副本或复印件。

为了使劳务分包人履行总(分)包合同涉及劳务分包工程的条款,要求劳务分包人必须认真、全面地了解总(分)包合同除有关承包工程价款以外的条款。

履行过程中应注意不要先履行后签订合同。

EPC 项目的费用控制

张严梅

(中国天辰化学工程公司控制部，天津 300400)

摘 要：本文主要介绍 TCC 的 EPC 项目的费用控制。

关键词：报价，概算，设计，EPC 费控

一、概述

近几年，随着 TCC 经营范围及生产规模的不断发展壮大，EPC 项目越来越多，为了取得更好的项目效益，控制工作显得越来越重要。作为一名控制部的费控人员，我意识到自己身上的担子越来越重。

一般说来，TCC 控制部的费用控制专业是在项目 EPC 合同签订以后才介入项目的费用工作。但是因为项目从开始策划到运行投产，费用问题一直基本上在起着关键的作用。所以，要想真正做好 EPC 项目的费控工作，必须从头抓起。

二、EPC项目的报价阶段

EPC 项目是否赢利，第一个关键的步骤就是 EPC 报价是否合适。TCC 的 EPC 项目获取一般有两种方式。

第一种方式是设计各专业、采购部、施工部、经营部、报价部直接报价，这种方式多用于海外项目。这种 EPC 项目报价多在基础设计之前，各个专业接

收到的条件相对较粗，这就给报价人员增加了一定的难度，尤其是我公司新涉及的一些工业领域。如土耳其查尔达格硫酸及发电项目、巴基斯坦 170～230MW 电站项目。所以，此阶段报价时要求各个设计专业要了解国际规范、当地规范、中国规范，提供尽可能详细的设计条件。采购部要了解国内、国际市场，询价时货比三家，了解海关、海运手续、出口退税等因素，给报价部提供尽可能合理的设备、材料报价。施工部应该根据项目特点、当地条件、自身的施工经验等制定出施工方案，准确估算出管理等用的工时，报给报价部和经营部。报价部应该收集编制投标报价所需要的有关资料：如当地政局、经济发展、地理环境、气候条件、法律规定、人文环境、税收政策、劳动力资源及相关的工资水平、当地设备材料的供应能力、价格水平及波动情况、机具租赁、宗教信仰等方面的情况，根据设计、采购、施工等提供的报价条件做出正确、合理的投标价格。这种 EPC 项目报价，为了做到不缺项、漏项，不仅要求各专业自身要仔细，而且要求各专业之间的配合一定要密切。如笔

者经手的一个项目,EPC 报价中都是有工艺外管,但是土建中却没有对应的外管架。究其原因,却是设计没有提条件。但是基础设计时结构提出外管条件:混凝土基础为 203m³,上部钢结构为 230t。这就说明,报价时确实存在遗忘现象(当然,任务多、工作忙、负担重,有时不免会出错)。试想:如果每个专业都能真正以主人翁的态度来对待 EPC 报价,如果每个专业能相互监督,能在遗忘的时候相互提醒,我们的 EPC 报价将会做得更加好。

海外项目的 EPC 报价还要注意的是汇率变化和材料涨价因素。前面已经说过,这种 EPC 项目报价多在基础设计之前,与具体施工的时间间隔比较长,报价时应该充分考虑汇率和材料涨价的风险。

第二种 EPC 报价方式是由 TCC 做基础设计,然后再进行 EPC 报价。如新疆己二酸项目、神华包头煤制烯烃汽化装置项目等。这种项目的 EPC 报价一般是报价部根据业主的招标文件在概算的基础上调整,进行报价。在这种情况下,最重要的两点是:估算部应该把做概算的过程尤其是需要报价部注意事项提供给报价部。如笔者做××项目的基础设计概算是在 2007 年 8 月份,8 月份的钢筋单价为 4 300 元/t 左右,而 3 月份的信息价仅为 3 300 元/t 左右。业主为了控制总费用,压低投资,让概算必须采用 2007 年 3 月份的包头造价信息。EPC 报价时,时间已经到了 2008 年 10 月份,按项目某一装置钢筋总用量 8 000t 估计,每吨差价 1 000 元,此部分概算就少 800 万元 RMB。所以必须提醒报价部的报价人员,注意此部分的调价。第二点就是设计、施工部、采购部各个专业应该核实招标文件的要求是否与我院的基础设计条件一致,不一致处,一定要及时反馈给报价部,以免多报、漏报。据了解,基础设计做完之后,设计便不再给报价部提条件,报价部的 EPC 报价一般都是基于概算条件。如此一来,业主的招标文件与基础设计文件出入之处,EPC 报价可能就不会考虑。如我院的××EPC 项目:1. 基础设计时,结构提的基础垫层混凝土强度等级为 C10,而业主 EPC 招标文件中对此部分的设计条件修改为 C25;2.基础设计时,业主要求

土方外运在 1km 之内,而业主 EPC 招标文件中,为了规范工程建设的土方管理,提高安全文明施工水平,减少土方二次倒运、降低工程成本,特别规定:指定位置取土:0.5 元/m³,指定位置弃土:1 元/m³;报价时无人将此消息告知报价部,EPC 报价自然也没有此两项费用,正式施工时,我们只能以减少利润为代价。

三、EPC项目的施工招标阶段

作为国家标准的《建设工程工程量清单计价规范》从 2003 年 7 月 1 日起在全国范围内正式实施。这一工程计价方式的改革,标志着我国工程造价管理发生了由传统"量价合一"的计划模式向"量价分离"的市场模式的重大转变。同时也表明,我国招标投标制度真正开始并入国际惯例的轨道。近几年,TCC 为了适应建筑市场的需要,也逐步开始实行工程量清单模式,进行工程招标。怎么样才能做好此阶段的费控工作呢? 根据工作经验,笔者总结出以下几点。

1.工程量清单的编制

TCC 的 EPC 工程,一般来说,业主为了自身的利益,要求工期都非常紧张。TCC 在施工发包的时候,基本上都是在基础设计阶段,有的甚至是基础设计阶段之前。因为没有施工图纸,此时编制工程量清单,难度相当大。编制人员应与设计人员及时、有效地沟通,尽可能把工作特征和内容描述清楚、严密、完整,以免引起歧义;如笔者在上海某一项目做现场费控工作时,遇到一个关于清单描述纠纷的问题。纠纷的内容如下:

业主认为,清单子项的描述中,含有钢结构的连接板,在子项的单价中应该含有连接板的费用;而承包商认为在中国习惯报价做法中,连接板的费用是在工程量中而不在单价,故他们当初的报价单价中

BQ

No	Work Item	Description	Unit	Quantity
	Steel structure	Supply materials , manpower , plants , and tools to install structure steel in accordance with design.The unit rate shall also include all revelant consumable , connection and fixing elements and parts		

不含连接板费用，而且清单中的连接板为"connect parts"只是起连接作用，实际上钢结构的连接板都有受力，不单单起连接作用。全厂一期工程的钢结构共有约5 000t，连接板大约占14%左右，当时钢结构报价为9 600元/t(不含油漆费用)，此笔费用估算值为5 000×0.14×9 600=672万元(不含油漆费用，如果加上油漆费用则更高)，相当可观。此问题僵持了好久解决不了，几乎要影响工期。好在业主财大气粗，又要赶进度，就作了让步。这个例子说明了工程量清单描述的重要程度，我们在编制清单的时候，一点要把此项做得准确、严密。

工程量清单要力求完整而又不琐碎，在统一计量规则的前提下，有些清单子目能合并的应尽量合并，以利于计量阶段的控制；对一些现场计量比较复杂、不易计量的基坑排水台班、拆迁场地的建筑垃圾清理等项目，可采用合价包干的形式。

由于多年来建设工程粗清单、多签证、下工夫结算的现实影响，往往认为后续还有结算把关，不能把问题充分考虑在工程建设前期，为工程量清单计价留下隐患；受急于开工心态的影响，在完成项目登记后，业主就要求在短时间内结束招投标工作，确定施工单位。而工程量清单报价在当前各方理解程度差异较大和实际操作水平不高的情况下，若在短时间内完成工程量清单的编制，势必影响工程量清单及招标文件的编制质量，影响工程量清单的准确性。总之，招标阶段产生的中标价是合同价的基础，因此发标阶段的工作对造价的影响很大，应予以充分重视。

2.招标阶段的评标工作

单纯从造价控制来说，我们当然希望合理最低价的投标人中标，但由于评标过程中，投标单位的成本较难确定，有些投标人往往会采用恶性竞争策略，如采用低于成本价的报价中标，而施工过程中再想方设法采取偷工减料，或者通过变更、签证等办法补回损失，给工程质量和造价控制都带来很大难度。为减少上述行为的发生，我们在评标时除了对一些简单的工程可采用最低价中标的单因素评标法，对一些较复杂的工程应尽可能采用综合因素评标法，即除了评审投标人的投标报价外，还要对其质量、工期、文明施工、安全施工、施工方案、拟投入的人员和机械设备等进行综合评审。

对投标报价评分时，不能只看总报价，还要同时重视清单子目的单价，以防止和限制投标单位采用不均衡报价法。这是因为总价符合要求的，并不等于每一清单项目的单价也符合要求；总价最低的，并不等于每一清单项目的单价也最低。如笔者参与的xxEPC项目的施工单位招标时，评标过程中发现，总价最低的公司，清单的综合单价并不低，为了探其究竟，我们把其所有的合计重新计算一遍，结果是投标公司合计出错，少报660多万元。其实这也是投标单位的报价伎俩。因为现阶段的清单报价，合同中的总价只是暂定数，单价才是固定价。他们想采用总价最低中标，而最后以实际工程量乘以合同固定单价后高价结算。

评标时我们还要建立良好的澄清制度。目前，建设工程项目施工招投标的评标办法大多采用百分制评定。在开标会结束后，由评标专家立即进行评标、定标。采取这种评标定标办法，对遏止及避免评标过程中受外界因素的干扰，保持整个评标定标过程中的独立性具有十分重要的意义。但是一些大型工程项目、施工方案优劣直接影响报价的工程，在评标定标过程中往往会因为投标单位采用先进的施工工艺或执行市场价格，出现各家投标单位报价相差悬殊的现象，很容易造成采用了先进技术工艺、节约了项目造价的投标单位失标或废标，使评标定标失去真正意义上的公平合理。因此，笔者认为，应当参照国际惯例，建立工程量清单报价澄清制度，让投标单位在评标时有一个解释澄清的机会。解释澄清主要是解释澄清投标方案的科学性、施工工艺的先进性、项目报价的合理性。我们在评标时，往往发现，有时总价稍高的公司，由于报价人员的粗心，单价局部有笔误(如把道路的碎石垫层面积单价报成体积单价，或者24元/m的单价写成240元/m)，澄清修正后，最后合同就比较合理。再比如，有些总价特别低的单位，经澄清会后，就知道他们是有些措施费没有考虑或者根本对工艺设备安装方案理解不够、考虑不周等。通过解释澄清，更能保证投标竞争公平，评标定标公开、合理。

3.定标后的合同签订

确定中标人之后，招标人应再一次详细审阅中标人的投标文件，将评标时的澄清内容在合同中进一步进行明确,同时在总价不变的情况下(有时总价也可以调整),对一些明显不合理的子目的单价与中标人进行协商、调整,特别是对施工阶段很有可能发生大量变更的项目,更应如此。实践表明,合同签订前的协商对后期造价控制有着非常重要的作用,而且,协商结果也较能让双方满意。如在TCC某EPC项目的施工单位招标已基本确定中标人时,与中标人谈起土方的单价较高的事情,结果他们解释说清单的综合单价中考虑了土方放坡的因素,把单价放大了1.5倍;而我方清单中的土方工程量也考虑了放坡部分;经过沟通,双方明白此部分费用重复计算,中标单位主动降低此部分费用。

四、EPC项目的设计阶段

对整个工程总造价影响系数最大的就是设计。整个设计过程要注意五点:

1.设计方案的选取。设计方案首先要符合国家、地区的规范要求;其次要满足业主要求,满足工期要求等。但是,满足以上要求以后,应尽可能选用工程造价较低的设计方案。如笔者前几年负责费控工作的一个项目,全场的电缆沟设计全部为钢筋混凝土电缆沟,耗费巨大。项目经理到现场经过各方面的对比后改为砖砌电缆沟,仅此一项节省200多万元。

2.设计各专业及采购人员之间要相互密切配合。如××项目中,结构专业按照管道及设备专业条件,设计了一个直径为23m沉降槽上的搅拌器桁架,但是,据现场工程师反映:现场按结构专业的设计图纸制作了桁架后,沉降槽设备厂家又作了一个搅拌器桁架,并运至现场,造成重复制作、浪费,为了避免这种浪费,特别是EPC项目,更应该注意有关专业、业主、设备厂家之间的沟通与协作。

3.设计各专业人员要注意来自业主的变更,及时把变更传送给费控人员;在施工图设计时(有的是基础设计),业主有时会有超出合同范围的要求,设计人员要有费用的观念,同时提出费用问题,并及时把变更传递给费控,及时向业主索赔。比如××EPC项目,业主在施工图设计时把不发火花水泥砂浆地面改为不发火花水磨石地面;办公楼的装修标准提高等。

4.设计人员应注意具体项目业主的具体要求。在有些项目中,基础设计时,业主为了压缩投资,提出一些非常规做法,此时,设计人员一定要留好技术交底记录,以备施工图设计。如我院××EPC项目,因为当地的钢结构喷砂除锈非常贵,在基础设计时,业主为了降低费用,提出当地气候干燥,钢结构不用喷砂除锈,并作了记录(当时设计人员据理力争,可业主就是不同意,并说如果将来生锈了由他们负责等)。而到了施工图设计时,因为时间间隔较长,平时工作又多,设计人员竟忘了此事,钢结构图纸中一律注明喷砂除锈。所幸的是现场打电话询问概算中钢结构喷砂除锈为什么全删除了,又经过多方面的沟通,设计人员才想起此事,赶紧追加变更,终于挽回损失。因为TCC的项目较多,设计人员比较繁忙,有时会出现项目中间换人的现象,大家一定要注意工作的交接,尤其是EPC项目牵涉到费用的事情,对接手人更要交代清楚。

5.对于以前没有经验的小工号,设计应提醒项目经理做备忘录(供签合同时用),并积累经验。在有些项目基础设计时,会碰到一些从来没有遇到过的情况,为了不缺项,往往做一些简单的估计,并没有更深层次的设计,此时,大家应做好备忘录,提醒项目经理签合同时,此处留有活口,按实际结算。如我院××EPC项目,基础设计临近尾声时,按国家文件紧急要求,增加了一个事故水池(我国一化肥厂爆炸污染水源,影响了老百姓的正常生活),而各专业设计人员对此事故水池的设计均毫无概念,在无可奈何的情况下,概算条件只提了点混凝土工程量,防腐做法为3mm厚不锈钢板。而做施工图时,防腐做法修改为:三布五涂W2-3酚醛环氧型乙烯基酯树脂,5mmW2-3乙烯基酯树脂砂浆层,W2-3树脂磷片胶泥罩面。仅此一项,费用超出200多万元。

五、EPC项目的施工阶段

项目的施工阶段是最容易出现问题,而且是出现问题又必须解决的阶段。此阶段因为涉及工程、设备进度付款而更加显得复杂。但是,只要做好以下几个方面,此阶段的费控工作还是可以搞好的。

1.施工图预算

因为TCC的EPC项目,很多都是边设计、边施工。清单招标后,大家往往只是根据合同、按形象进度,支付工程进度款。可是施工图工程量与清单工程量的差异,大家常常不急于处理。最后导致出现各种问题。所以,0版施工图一经发出,马上安排相关部门、人员进行施工图预算。因为是施工图(虽然是0版)阶段,预算工程造价相对比较准确,项目经理可以根据预算费用及时修正进度款的拨付,掌控工程全局。工程实践中,已有好几个项目出现类似问题。及时的施工图预算越来越引起大家的重视。

2.严格控制变更程序

首先要制定一套完善的计量、支付、变更管理办法,突出事前控制,减少事中控制,避免事后控制。突出事前控制是指要设计变更一定要在施工之前,避免造成人工、材料、机械浪费。一般的工程变更都必须由设计签发或先由施工单位打立项报告,监理工程师审核,经业主批准后才可以实施。如TCC的一个EPCM现场,经常出现混凝土模板支好再拆的签证单,有一次竟然还有请洗立得公司切割混凝土柱、梁的现象(费用相当高)。虽然不是TCC的原因,但是我们可以借鉴其教训,在我们自己的工程上,引以为戒。另外,工程变更的费用和变更方案是联系在一起的,因此变更立项报告在说明变更处理方案的同时,必须同时说明相应的变更价款,从而使业主决策时对造价心中有数,避免造价失控。

3.降低材料、设备成本

降低材料、设备成本首先要组织材料合理进出场。一个项目往往有上百种材料,所以合理安排材料进出场的时间特别重要。首先应当根据定额和施工进度编制材料计划,并确定好材料的进出场时间。因为如果进场太早,就会早付款给材料商,增加公司贷款利息,还可能增加二次搬运费,增加成本;若材料进场太晚,不但影响进度,还可能造成误期罚款或增加赶工费。其次应把好材料领用关和投料关,降低材料损耗率。材料的损耗由于品种、数量、铺设的位置不同,其损耗也不一样。为了降低损耗,项目经理应组织工程师和材控工程师,根据现场实际情况与分包商确定一个合理损耗率,由其包干使用,节约双方

分成,超额扣工程款,这样让每一个分包商或施工人员在材料用量上都与其经济利益挂钩,降低整个工程的材料成本。其次是材料部门的收料员清点数量,验收登记,再由施工作业队清点并确认,如发现数量不足或过剩时,由材料部门解决。应发数量及实发数量确定后,施工作业队施工完毕,对其实际使用数量再次确认后,即可实行奖罚兑现。通过限额发料办法不仅控制了收发料中的"缺斤短两"的现象,而且使材料得到更合理有效的利用。

4.节约现场管理费

TCC的EPC项目现场管理费包括临时设施费和现场经费两项内容,此两项费用的收益是根据项目施工任务而核定的。但是,它的支出却并不与项目工程量的大小成正比变化,它的支出主要由项目部自己来支配。建筑工程生产周期长,少则几个月,多则数年,其临时设施的支出是一笔不小的费用,一般来说,应本着经济适用的原则配置,同时应该是易于拆迁的临时建筑,最好是可以周转使用的成品或半成品。对于现场经费的管理,应抓好如下工作:一是人员的精简;二是工程程序及工程质量的管理,一项工程,在具体实施中往往受时间、条件的限制而不能按期顺利进行,这就要求合理调度,循序渐进;三是建立质量控制小组,促进管理水平不断提高,减少管理费用支出。

六、EPC项目竣工后的总结

工程完工后,项目经理部将转向新的项目,应组织有关人员及时清理现场的剩余材料和机械,辞退不需要的人员,支付应付的费用,以防止工程竣工后,继续发生包括管理费在内的各种费用。同时,由于参加施工人员的调离,各种成本资料容易丢失,因此,应根据施工过程中的成本核算情况,做好竣工总成本的结算,并根据其结果评价项目的成本管理工作,总结得与失,及时对项目经理及相关人员进行奖罚。

事后分析是下一个循环周期事前科学预测的开始,是成本控制工作的继续。在工程结束后,我们要采取回头看的方法,检查、分析、修正、补充,总结成功经验,对缺陷不足查找解决办法,为下一个EPC项目的费控工作积累丰富的经验。⑤

施工企业成本管理的突出矛盾及对策

陈小芳

(北京住总集团，北京 100020)

绪 论

随着经济全球化发展，建筑市场竞争日趋激烈，从计划经济体制下转换的施工企业正面临着市场的严峻考验，一些影响施工企业长远发展的深层次矛盾不断地暴露出来，特别是成本管理状况令人担忧，部分国有施工企业产值利润率远远低于行业平均水平，已经陷入到"拿不到项目是等死，拿到项目是找死"的两难境地，这直接影响到中国履行 WTO 承诺后，本土施工企业能否抵御国际建筑商带来的挑战。由于影响施工企业成本管理的因素很多，本文仅从其主要薄弱环节即内部定额的缺失、成本控制责任的非体系化管理、用人及分配机制的僵化三方面对成本管理的影响进行探讨。

一、建立和完善企业内部定额，确立投标、成本控制标准

(一)施工企业在内部定额建立过程中存在的主要问题

长期以来，很多施工企业对于工程目标成本的确定过于简单化和表面化，很少有企业将实际施工技术水平、管理水平等科学地量化为自己企业的内部定额。有的施工企业仍沿用行业定额作为投标及成本控制标准。行业及地方定额只能反映行业平均水平，而不能真实反映各施工企业的个别水平，在市场经济条件下，企业作为一个利益主体，在市场竞争中必须考虑本企业的实际水平，才能增强自身的竞争力。有的企业只是简单地采用经验工程成本降低率确定目标成本，但整体降低的结果是将所有分项工程、分部工程降低了相同的幅度，而事实上，企业的优势并不是在每个环节上都是一致的，降造并不能反映个体的实际水平；同时，投标中使用和确定的价格很难在项目实施中有效应用，由于没有和实际施工程序结合起来，这样的目标成本可操作性差，起不到控制作用，更无法分析出成本差异产生的原因。由于各工程项目之间没有可比性，结果到下一个工程项目照样如此，使目标成本永远停留在纸面上，无法落实到项目中去。

(二)施工企业建立内部定额的必要性及措施

一套符合企业自身管理水平、技术水平、价格信息系统的企业内部定额，对于投标以及成本控制是非常必要的，是企业从粗放式管理向精细化管理迈进的重要环节，能反映企业综合实力、经营水准和技术水准，是企业不断壮大发展过程中必须要做的一项重要基础工作。对于投标而言，企业内部定额是企业具有自身竞争力的报价，可以近似测算所投标项目的盈亏程度，从而指导企业对投标项目采取正确的策略，避免出现投标报价过程中饥不择食、饮鸩止渴的恶性循环，防止仅为提高中标率而造成未中标已亏损的现象发生。对于成本控制而言，企业内部定额一方面可以直接汇总项目的预控成本，确定各分项工程的限额领料数量和机械台班数量，以及其他各项费用的开支额，从而指导项目制定用款计划，人工、材料、机械进场数量及使用计划。另一方面，可以检验所规定的消耗量是否准确，是否还可以通过改进施工组织、提高施工技术水平来挖掘潜力，降低成本，争取最大经济效益。

当然，企业内部定额的编制是个庞大的工程，从了解各个子目的真实成本、收集各种价格信息，到资料的整理、建立动态数据库，直至完成企业定额，需要大量的人力、物力、财力的投入，也需要耗费相当长的时间。虽然有相当多的业内人士不断地呼吁编制企业内部定额，但开始着手编制的企业并不多，我们在成本数据库管理以及数据库资源共享等方面还

是相当落后的。在国外总承包公司纷纷进驻国内建筑市场的今天，企业内部定额的编制工作以及相应的数据库动态管理工作已迫在眉睫。同时，企业在编制内部定额时应避免两个极端：一是避免用特殊情况取得的数额代替一般情况下的定额，也不能用最新而未在企业内部普及的技术水平代替企业的总体技术水平，更不能用理想状态下取得的最高效率标准代替企业施工的平均效率。二是尽量不要套用国家颁布的施工定额的编制方法，企业应对国家颁布的施工定额的编制方法和费率标准有所取舍，根据企业自身不同的技术和管理水平，不同施工年限的工人、材料以及机械，制定不同时期的定额。这样建立的内部定额，才真正具有企业内部指导生产的使用价值。当然，企业内部定额并不是编出来就可以一劳永逸的，应随市场的变化不断改进和补充，在时间和经验中磨炼，才可以更加完整，更加准确。

二、落实成本控制责任体系，明确成本管理的责、权、利关系

(一)施工企业成本控制责任体系建设中存在的问题

长期以来，部分施工企业的高级管理人员尽管认识到成本管理的重要性，但却忽视了各项环节和活动之间的相互联系，缺乏成本管理的系统观念。在成本管理的价值链环节中，管理者更多的只是简单地进行职能分配，技术人员只负责技术和工程质量，工程组织人员只负责施工生产和工程进度，材料管理人员只负责材料的采购、验收和发料，财务人员只负责账务记录和资金收支，这样表面看来，分工明确、职责清晰、各司其职，但却没有实际的成本管理责任。项目参与各方只顾自身利益，干的不管算，算的不管干，干算脱钩的现象较为严重，忽略了项目的总目标；各职能部门间信息沟通渠道不畅通，信息传递过程中出现失真、漏缺、延误等现象，决策过程缓慢，存在严重的信息孤岛等现象，最终很难达成成本管理的目标。

(二)施工企业构建成本控制责任体系的必要性及措施

成本管理工作是一个系统工作，它贯穿于工程前期的投标、合同签订、施工组织设计的编制、

成本预测，到工程实施中的质量、安全、文明施工的控制、资金的回收、竣工结算的审核、保修期的结束全过程，涉及经营部门、财务部门、预结算部门、物资供应部门、质量部门、安全部门等企业的各职能部门，亦即成本管理是一项全员共同参与、各职能部门共同监督、管理、完成的系统工程，这个系统工程最终形成企业内部的一个价值链，通过价值链的活动来创造效益，其中某个环节的受阻或不畅都将直接影响到整个价值链的正常运行，从而影响企业成本管理的效果。因此，理顺各职能部门之间的关系，理顺职能部门与项目部之间的关系，理顺项目部与专业单位之间的关系，形成规范、有效、可操作性强的工作流程及管理规定，建立成本管理的保障措施即成本管理工作应遵循的程序和规范，至关重要。

施工企业成本责任控制体系，可从三个相对独立的层次进行控制。第一个层次是在项目全过程中融入相互牵制、相互制约的制度，建立以防为主的监控防线；第二个层次是在有关人员从事业务时，必须明确业务处理权限和应承担的责任，对一般业务或直接接触客户的业务，均要经过复核，重要业务实行各职能部门签认制，专业岗位应配备责任心强、工作能力全面的人员，并纳入程序化、规范化管理，将监督过程和结算定期直接反馈给财务部门；第三个层次是以现有的稽核、审计、纪检部门为基础，成立一个由公司直接领导并独立于被审计项目部的审计小组，审计小组通过内部常规稽核、项目审计、落实举报、监督审查会计报表等手段，实施以"查"为主的监督防线。

当然，在成本控制责任体系中，要正确处理质量、成本、安全、文明施工、进度等各项指标之间的辩证关系。"企业是利润中心，项目是成本中心"。施工企业要想从工程项目的建设中获得利润，必须在保证安全、质量和工期的前提下，严格实行成本控制。"质量是企业的生命"，但当质量达到一定水平再要求提高时，由此发生的费用就会呈几何级上升，管理者要找到质量成本最佳平衡点，既保证施工质量达到设计及规范要求，又尽可能降低工程成本。"安全是职工的生命"，首先要加强防患意识，保证参加工程建设的施工人员的人身安全，保证建筑物的安全，

避免安全伤亡事故所造成的损失。工期管理也是合同管理的环节之一，寻求最佳工期成本点，为了保证工期而采取技术措施，必然增加工期成本，但由于延误工期而导致违约，必然遭索赔。当工期缩短到一定限度时，再要缩短工期，所采取措施的成本则会急剧上升，因此，在确保工期达到合同要求时，尽可能降低工期成本，切不可盲目赶抢工期，否则，不但增加技术措施费用，导致工期成本超支，还会出现质量、安全隐患。

三、创新用人机制和分配机制，发挥成本管理的主观能动性

（一）施工企业管理机制存在的主要问题

大部分施工企业尚没有建立起一套科学的用人机制及分配机制。经营管理者完全凭其综合素质、自觉性和奉献精神经营企业，在市场经济条件下，一个企业仅凭经营管理者的良心和奉献精神去支撑是脆弱的，也是不可能长久的，许多企业经营管理者在经过一段时间的艰苦创业和无私奉献之后，他们一旦意识到自己付出与得到不成比例时，或者是社会现实及个人生活需要迫使他们不得不重视个人经济收入，考虑个人利益时，心理就会失衡，积极性和进取心就会降低，如果在缺乏监督的情况下，甚至会出现利用手中权力侵吞施工企业现有的资源，为个人谋取利益的现象。而普通职工往往以企业主人自居，极力维护自身在计划经济条件下已取得的既得利益，干多干少一个样，干好干坏一个样的局面并没有得到改变，等、靠、要的依赖习性仍然比较严重，同时，职工的责、权、利不明确，他们不知道在企业中自己到底该承担多大的责任，有什么具体权利，有什么具体利益。这种分配机制和用人机制将给成本管理工作带来不可估量的难度，阻碍企业的进一步发展。

（二）施工企业管理机制创新措施

施工企业在转变经济增长方式和发展方式的过程成本中，必须不断创新，通过改革企业的用人机制和分配制度，充分调动每个项目参与者的积极性和创造力，用新的经营理念来管理施工企业，使企业发展充满活力，使施工企业不断发展，不断壮大。

在由人、资金、技术等各种生产要素组成的施工企业这个经济体中，人的因素始终是第一位的，生产要素的优化配置最终都要由人来发挥作用，施工企业在激烈的市场竞争中要处于不败之地，最关键的还在于人。如果不建立一套适应市场经济要求的用人机制和分配机制，改革和发展就不可能取得决定性的成功。因此，施工企业应从两个方面加以解决：一是加快经营管理者职业化建设进程，敞开大门，打破行业、区域限制，公开向社会招聘，实行公平竞争，任人唯贤，择优聘用，建立一套科学的企业经营管理者选拔制度、经营业绩考核制度、风险承担制度；二是管理者与职工之间的利益分配关系必须明确，经营管理者与普通职工之间有具体的利益风险分配比例，做到责任和义务、利益和风险对等，要根据岗位的重要程度、技术要求程度、职工的技术水平和岗位的贡献大小，制定出企业职工合理的利益和风险分配比例，让企业管理者与企业职工都明确了解自己的贡献与自身利益的关系，由此使企业管理者、企业、企业职工三者之间真正形成利益共同体。

四、结语

历史的经验告诉我们，施工企业已经不能单纯地依靠规模支撑发展，市场竞争越来越成为实力的竞争。施工企业必须在科学的管理理念下，在成本管理上本着创新的精神，走"集约化、精细化"管理的道路，通过建立完善内部定额、深化落实责任成本、创新用人机制和分配机制等需要解决的深层次管理矛盾，将企业成本降到社会必要的平均成本水平以下，才能创造出一条施工项目成本管理的成功之路，才能提高企业竞争能力，才能在激烈的市场竞争中站稳脚跟。🔵

参考文献

[1]孙三友.施工企业现代成本管理与流程再造[M].北京：中国建筑工业出版社，2004:25-35.

[2]刘牛生.施工项目管理中的成本控制[J].施工企业管理，2006(9):60-61.

[3]云海.施工企业成本管理应战略化[EB/OL].
http://www.cacem.com.cn/News/Open.asp?
ID=297435&Sort_ID=292,2008-1-07.

优化施工组织设计
监控建筑工程造价

王　雁[1]，曹仰杰[2]

(1.中国建筑装饰工程公司三处，北京 100089；2.黑龙江省龙宇建筑装饰工程公司，哈尔滨 150000)

现行施工组织设计的内容应扩充，应向项目管理规划方向发展。施工组织设计应编成一份集技术、经济、管理、合同于一体的项目管理规划性文件、合同履行的指导性文件、工程结算和索赔的依据性文件。

作为一个施工企业，在项目投标、竞标中能否引起发包方的重视，除了自身的资质等级、实力、信誉外，最主要因素还是取决于其报价是否合理，而恰如其分的报价又和施工组织设计的优劣密切相关。面对激烈竞争的建筑市场，施工企业应根据拟建工程的现场条件、工程概况，进行周密的部署，认真研究各项技术指标、经济指标及有关组织措施、安全措施，确定合理的施工方案，使施工方案具有先进性、合理性、竞争性、适用性和可操作性。它既要考虑到业主的经济利益，同时也要考虑到施工企业的经济利益，真正地使项目在施工过程中达到高质量、低消耗的目的。施工企业要想在建筑市场竞争中，得以生存、降低成本、追求边缘效益毕竟有一定的限度，只有通过充分发挥其在资金、人才、设备等方面的整体优势，从技术经济、管理等方面做好施工组织设计的编制，科学有效地配置施工企业的资金、人才、设备等资源，降低工程成本，才能提高施工企业的竞争力。随着建筑市场竞争的日趋激烈，客观形势对施工企业的要求越来越高，不仅在技术装备、人员素质、施工组织诸方面提出较高要求，而且工程经济管理工作中的工程预结算，也面临新的挑战。在新的形势下，一些施工企业缺乏积极的应对措施，科技管理水平落后，对施工组织设计没有足够的重视，存在以下几种情况：一是根本没有施工组织设计。没有平面布置图，材料、机械设备乱堆乱放，劳动力需求无计划，工程质量、安全无措施，窝工浪费现象严重。二是施工组织设计带有很大的随意性，流于形式，编制质量低劣。仅是为了应付甲乙双方签订工程承包合同时，甲方对施工组织设计的审查，以致投标书中关于施工组织设计的内容比较粗糙，仅侧重于施工现场的规划和布置，而对一些具体的施工操作方案、进度、质量、造价控制方法、安全措施、劳动力、物资、技术保证措施等内容未能作全面的反映。编制出来的施工组织设计严重脱离实际。三是重技术，轻经济。有的施工单位在编制施工组织设计时，受传统观念和习惯的影响，只重视施工组织技术措施，忽视经济指标内容，导致在工程结算中纠纷不断。四是业主注重低价、轻技术评审，在现有的工程招标投标环节中，业主往往比较侧重施工企业资质等级、实力、工程报价、质量保证及其工程工期保证的承诺。而对于投标书中施工组织设计评审不够重视，尤其对施工工艺、施工方案的设计是否经济合理，以及是否优化组织等问题的分析很不够。五、组织不力。有的施工项目经理没有全面地考虑，不组织项目技术负责人、施工负责人、造价工程师等各专业人员和职能人员参与编制，而是"闭门造车"。

施工组织设计主要用于指导施工，但不限于施工，其作用具体表现在以下六方面：一是编制施工图预算的重要依据。工程造价人员参与施工组织设计的编制直接关系到企业的经济利益，因为，在工程造价管理和执行预算定额规定中，造价人员起着主管业务经理参谋的作用；在投标和工程承包合同中，造价人员受企业法人委托，可作为本单位法人代表的委托代理人，行使企业法人所授予的职权,在施工和预算工作中,起着经济监理作用。二是工程结算的依据。工程造价的一个重要特征是造价与方案有关,同一项工程采用不同的施工方案,其工程量和造价都不一样。工程投标报价中单价的套用和实际工程量的计算,都应根据批准的施工组织设计确定。三是施工组织设计是工程索赔的依据之一。四是监理对象。施工组织设计应用于施工全过程,集技术、经济、管理和合同于一体,是一份全面的施工计划和合同文件。因此,监理工程师将其视为重要的监理对象,严格监督其实施,严格控制承包商对施工组织设计的变更和修改,将擅自变更和修改的行为视为违约行为。五是论证作用,在技术上、组织上和管理手段上论证投标书中投标报价、施工工期和施工质量三大目标的合理性和可行性。六是承诺和要约作用。

施工组织设计在投标阶段即已形成(即投标施工组织设计),但合同签订后,承包商还需根据合同文件的要求和具体的施工条件,对其进行修改、充实、完善,形成可实施的施工组织设计。无论是FIDIC合同条件,还是我国的《建设工程施工合同》示范文本,均将投标书列为工程承包合同的组成部分,而对施工组织设计的修改、充实、完善,是经监理工程师(业主代表)审核同意,并经双方反复协商、达成一致后确定的,整个过程具备合同订立的要约与承诺的特征。

合理的施工组织设计能加快进度,降低成本,比如:别人的施工组织设计单方造价是1 200元,而你的施工组织设计单方造价是1 500元,就要检查是否选择方案不合理,就要对施工组织设计全面优化。优化方案设计,合理配置生产要素,为编制测算合理的工程造价做好准备,这就要求编制人员在编制前要认真研究施工图纸和各种技术资料规范,掌握各种现场资料,尤其要熟悉工程定额所涵盖的内容。施工组织设计当中的内容要与工程造价相配套,使工程造价编制人员在计算造价时能够有章可循。在施工组织设计的编制过程中,要注意施工方案的进一步细化,还要注意施工组织设计的动态管理。在施工组织设计的实际执行过程中,由于一些不可预见的因素,肯定会产生工程变更或现场签证,这些会使原有的施工情况发生变化,因此需要对施工组织设计进行及时调整,避免与施工现场实际情况相脱节,造成工程造价的偏差。

施工组织设计和成本管理是项目施工管理效益的核心内容。具体说,施工单位应提前踏勘工程现场,做到心中有数。加之,认真编制施工组织设计,以便在签订工程承包合同中,对一些情况予以说明,从而有效地组织施工用料,避免增加材料的二次倒运费,可在决策中减少不必要的麻烦。否则会造成施工单位既无施工组织设计,又谈不上成本管理。其结果是在工程结算时引起争议,导致单位在经济上蒙受损失。为使施工组织设计更好地服务造价控制,要注重施工组织设计与合同条款的合理性、优化施工方案的经济性。建立、完善六图(分项工程开工质量控制程序图、工序质量控制程序图、工程计量控制程序图、工程变更控制程序图、施工进度网络计划图、项目管理职能结构图)四表(施工进度表、月旬工作安排表、劳力设备效率表、月旬质量、工期、环保、安全考核表)的相互依存关系和整体脉络,实施对施工组织设计全面和全过程的监控,从而降低工程成本。优化后的施工组织设计作为指导施工现场协调管理工作的总纲和考核监督检查各相关负责部门和负责人工作质量的依据。

提高施工组织设计编制人员的水平,使工程造价的编制与工程施工组织设计能够同步进行,达到优化施工组织设计、降低工程造价的目的。工程量清单计价推行给工程造价编制人员提出了更高的要求,工程造价的编制人员要提高自己的综合素质,应具备一定的现场施工经验,既要精通工程造价知识,又要熟悉施工技术。在编制工程造价的同时,也应该参与施工组织设计的编制工作,施工组织设计与工程造价是密不可分的联合体,两者密切联系、相互影响,在清单计价的环境中体现得尤为明显。因此,施工企业应采取措施,加大自身的改革力度,保证施工组织设计和工程造价之间的良性互动,以切实提高工程建设的管理水平,在激烈的市场竞争中立于不败之地。⑤

参考文献

[1]周克己.水利水电工程施工组织与管理[M].北京:中国水利水电出版社,1998.

[2]魏璇主编.水利水电工程施工组织设计手册(上、下).北京:中国水利水电出版社,2000.

2009年度日本 CONSTRUCTION MANAGER 认定资格考试报考说明书

丁士昭

(同济大学，上海 200092)

1 概　要

日本 Construction Management 协会（以下简称日本 CM 协会）于 2001 年 4 月成立，是以"构筑健全的建设生产体系"和"培育具有高度社会责任感的专业人才"作为协会发展的宗旨，进行 CM 方式的普及工作的。本年度根据以下所示的四个目的，对 Construction Manager（以下简称 CMr）的认定资格考试进行了组织实施。

1)为日本 CM 执业方式的发展和普及作出贡献

2)成为 CM 执业人员的行动准则

3)为 CM 入门教育作出贡献

4)为 CM 市场的发展作出贡献

另外，在国土交通省于 2002 年 2 月制定的《CM 活用方式指导方针》中，关于 CM 方式是"建设生产和管理方式的一种模式，作为业主的辅助人和代理人的 CMr 在技术方面保持中立的同时，站在业主的立场上对设计、发包、施工各阶段关于设计讨论、工程发包方式、进度管理、质量管理、成本管理等全部业务或者一部分业务进行管理的方式"给予定义。

1.1 考试资格分类

CCMJ	对于有建设相关专业的工作经验的应考者，在接受知识考试和能力考试并被认定合格后可以进行 CM 执业的人员
ACCMJ	对于一般的应考者，应具备从事 CM 业务的基本知识体系，并接受与 CCMJ 相同的知识考试后达到合格的人员

注：CCMJ: Certified Construction Manager of Japan,
　　ACCMJ: Assistant CCMJ

1.2 取得资格的程序

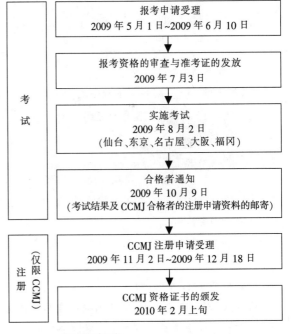

2　报考资格

2.1　CCMJ

参加资格考试者，必须具备以下报考资格 A~C 的其中之一：

(1)报考资格—A

已取得以下所示国家资格之一的技术人员。

①一级建筑师

②一级建筑施工管理技师

③一级土木施工管理技师

④一级电气安装工程施工管理技师

与最终学历相对应的工作累计年数 表1

最终学历年数	工作累计年数	
	指定学科毕业的人员	非指定学科毕业的人员
4年制大学	工作经验6年以上	工作经验8年以上
短期大学	5年制高等专门学校	工作经验8年以上
工作经验10年以上	高中	工作经验12年以上
工作经验14年以上	其他	工作经验15年以上

注)指定学科:按照附表<指定学科一览表>记载的学科(略)。
※这里的最终学历不包括硕士和博士阶段的学习,硕士和博士阶段的学习计入实际工作经验年数。

作为实际工作经验被认可的工作内容 表2

所属	与建设及开发行为有关的工作内容
建设咨询、设计事务所、核算事务所、建设企业、专门工事业者	1.PM/CM、2.设计、3.施工监理、4.发包与采购、5.施工计划、6.质量管理、7.预算/成本管理、8.进度管理、9.安全卫生管理、10.环境管理、11.现场全面管理、12.技术研究开发
官公厅	21.建设行政、22.修建业务
私营企业	31.建设采购管理、32.维护管理
研究生院、大学、高等专门学校、短期大学、高中、研究所	41.与建设及开发行为有关的研究 42.教育

⑤一级管道安装工程施工管理技师

⑥技术师(建设部门、上下水道部门、卫生工学部门、电气电子部门、综合技术监理部门)

⑦建筑设备师

(2)报考资格—B

表1为具有与最终学历相对应的工作累计年数以上的实际经验(表2参照)的技术人员。

(3)报考资格—C

ACCMJ认定合格后并有8年以上实际工作经验(表2参照)的人员。

(4)报考资格—D

ACCMJ认定合格者在CM培训中心接受指定课程(包括特别讲义在内的第7、8讲座和其他3个讲座)培训的人员。

具体内容请参照日本CM协会的网页(http://www.cmaj.org/)。

2.2 ACCMJ

ACCMJ的报考资格不受限制(任何人都可以参加报考)。

3 考试报名

3.1 报考方法

请按照〈3.3 报考申请资料〉中的有关规定,并根据表3所示的邮寄内容,使用本协会指定信封按一般挂号信进行邮寄。

3.2 报考费用

应使用本协会指定的费用缴纳单,必须以报考者的名义并按表4所示报名费用到邮局或者银行进行缴费。

3.3 报考申请资料

(1)报考申请书(格式1)

在姓名、工作单位、考试希望地区等事项的空栏处按要求填入,表5所示的照片和报名费缴纳收据按要求粘贴在相应空栏处。

(2)报考资格证明资料(仅限CCMJ资格考试报考者)

对于在报考资格中所要求的报考资格证明资

报考申请资料的邮寄方法 表3

受理期间	2009年5月1日~2009年6月10日
单位名称	日本 Construction Management 协会 考试委员会事务局
邮寄地址	〒108-0014 东京都港区芝五丁目26番20号 建筑会馆6楼
注意事项	1)截至日期以邮戳邮寄为准 2)两名以上的报考者不允许使用同一个信封进行邮寄 3)如果报考申请资料有不全的情况本会拒绝进行受理 4)仅对在截止日期之前缴纳报考费用的申请进行受理 5)本会拒绝接收由收信人付费或者邮件到达后付费等邮物

报考费用(含消费税) 表4

	日本CM协会会员	日本CM协会非会员
CCMJ	31 500 日元	47 250 日元
	21 000 日元(ACCMJ合格者)	36 750 日元(ACCMJ合格者)
ACCMJ	21 000 日元	36 750 日元
注意事项	1)报考申请时,对于入会手续和会费已缴纳完毕的人员作为日本CM协会会员来进行对待。对于法人会员的情况仅限3名已注册完毕的报考者 2)符合下列情况的,在扣除3 000日元(3—4.项参照)后返还其余报名费用 　　a)根据报考资格的审查结果,被判断为没有报考资格的情况 　　b)根据报考申请资料的审查结果,被判断为申请资料不全的情况 3)对于已缴纳的报名费用,除去由于本会的责任所引起的无法参加考试的情况,一概不予退还	

需要在报考申请书上进行粘贴的内容 表5

1)	照片1张(纵5.5cm,横4.0cm) a)近6个月以内进行拍摄的 b)无背景、脱帽半身正面相片 c)彩色或黑白相片 d)背面写明姓名及考试希望地区
2)	报名费缴纳收据 a)由邮局或者银行出具的收费证明 b)显示缴费当日的受理日期印章

报考资格证明资料的种类和提出方法 表6

	报考资格—A	
1)	①	国家资格证书的复印件 a) 被认可的7种国家资格中任何一种资格证书的复印件 b)请粘贴在报考申请书(格式1)的背面指定空栏
	②	ACCMJ合格证书的复印件(仅限ACCMJ资格考试合格者) a)请粘贴在报考申请书(格式1)的背面指定空栏 b)知识考试被免除(合格后3年以内)
	报考资格—B	
2)	①	毕业证明书
	②	实际工作经验申报书(格式2)
	③	ACCMJ合格证书的复印件(仅限ACCMJ资格考试合格者) a)请粘贴在报考申请书(格式1)的背面指定空栏 b)知识考试被免除(合格后3年以内)
	报考资格—C	
3)	①	实际工作经验申报书(格式2)
	②	ACCMJ合格证书的复印件(仅限ACCMJ资格考试合格者) a)请粘贴在报考申请书(格式1)的背面指定空栏 b)必须重新进行知识考试(合格后3年以上)
	报考资格—D	
4)	①	CM培训中心指定课程听课证明书
	②	ACCMJ合格证书的复印件 a)请粘贴在报考申请书(格式1)的背面指定空栏处 b)知识考试可以被免除(合格后3年以内)

料,按表6所示方法进行提出。

3.4 报考资格的审查结果与准考证的发放

报考资格的审查结果与准考证的发放如表7所示。

4 考试内容

4.1 考试日期与考试时间

于2009年8月2日进行的各科目考试的具体时间按照表8所示进行。

4.2 考试地点与考试会场

(1)考试地点

仙台、东京、名古屋、大阪、福冈

(2)考试会场

考试会场地址如表9所示,如有变动将会另行通知。

4.3 考试的出题范围

(1)知识考试(CCMJ 和 ACCMJ)

知识考试一共为50道单项选择题,出题范围如表10所示。

报考资格的审查结果与准考证的发放 表7

发放日期	2009年7月3日
通知内容	1)对于有报考资格的报考者进行准考证的发放 2)对于没有报考资格的仅通知审查结果 3)对于报考资料不全的情况仅通知审查结果 4)符合上述2)或者3)的情况,从缴纳的报名费中扣除3 000日元(报考资格的审查及所发生的邮寄费用)后返还其余报名费用
注意事项	1)进入考场必须出示准考证,请务必随身携带 2)如果发生忘带准考证或丢失的情况,不允许参加有关科目的考试 3)如果准考证或者其他通知结果在2009年7月10日之前没有收到的情况,请在7月17日之前与日本CM协会考试委员会事务局联系

考试时间表 表8

时间	内容	备考
10:00~10:10	注意事项说明	CCMJ报考者和 ACCMJ报考者
10:10~12:40	知识考试	
12:40~13:50	中午休息	
13:50~14:00	注意事项说明	仅限CCMJ报考者
14:00~16:30	能力考试	

考试会场地址 表9

考试地点	考试会场	所在地
仙 台	仙台信息中心	仙台市青叶区春日町2-1
东 京	东京海洋大学	东京都江东区越中岛2-1-6
名古屋	东樱会馆	名古屋江东区越中岛2-1-6
大 阪	大阪府建筑健保会馆	大阪江东区越中岛2-1-6
福 冈	福冈建设会馆	福冈江东区越中岛2-1-6

知识考试的出题范围与主要内容 表10

出题范围	内 容
CM的原论	CM的概要 1)CM的定义;2)CMr的业务;3)CMr的社会责任;4)CMr的法律责任;5)CMr的伦理;6)其他
CM的业务	建设项目各阶段的主要管理业务的内容 1)全体;2)成本;3)进度;4)设计;5)采购;6)施工、安全;7)质量
CM的理论、技术、手法	CM的理论、技术、手法 1)项目运行;2)会计、财务;3)成本;4)环境;5)进度控制;6)质量;7)风险;8)其他

注:出题范围和内容根据日本CM协会发行的CM操作手册的内容进行

能力考试的出题形式 表11

形 式	说 明
短文叙述	主要为200字以内的叙述性问题
事例解决	根据所给出的虚拟建设项目,指出其存在的问题并给出具体解决办法的叙述性问题
经验论文	根据所指定的题目,按照自己的工作经验进行论述的问题

(2)能力考试(仅限CCMJ)

能力考试主要为叙述题和小论文,出题范围如表11所示。

4.4 成绩的合格通知与合格证书的有效期

成绩的合格通知与合格证书的有效期如以下表12和表13所示。

5 资格注册

5.1 资格注册的必要性

资格注册为CCMJ资格的取得所必须进行的手

成绩的合格通知日期与实施办法 表12

日期	2009年10月9日
通知	1)对于合格者向本人邮寄合格通知 2)对于不合格者向本人通知考试结果
发表	1)合格者一览表在日本CM协会的本部和各支部进行公布 2)在日本CM协会的网页上公布合格者的准考证号

合格证书的有效期 表13

	有效期	备考
CCMJ	2009年10月9日~2011年12月末	如在规定期间内没有进行注册的,考试合格资格宣布无效
ACCMJ	无限制	参照3-2和4-3的内容

2009年度的资格注册方法的概要 表14

受理期间	2009年11月2日~2009年12月18日
注册费用	10,500日元(含消费税)
主要提出资料	1)注册申请书 2)日本CM协会的会员证书的复印件 3)CCMJ资格考试合格证书 4)详细的实际工作经验申报书 5)其他

续。在CCMJ资格考试合格证书的有效期内,进行资格注册手续后才能领取CCMJ资格者证书。

5.2 资格注册方法的概要

对于CCMJ资格的注册,被要求必须具有CCMJ资格考试合格证书和日本CM协会的会员资格证书。资格注册方法的概要如表14所示,具体内容将在2009年10月日本CM协会的网页上登载。另外,资格注册的申请所必需的资料将与CCMJ资格考试合格证书一同邮寄。

5.3 资格注册的信息处理

对于资格注册时所登记的个人信息,在经本人许可后并按照本会的个人信息保护条款的相关规定,将对一部分信息进行公开。

6 注册更新(参考)

CCMJ注册证书在注册期间内进行登记的情况,经发放后5年内有效。注册后每5年按照本协会的资格注册更新制度进行更新。具体内容请参照日本CM协会网页的CPD研修手册。

■考试会场指南(略)

■附表 指定学科一览表(略) (下转98页)

中国企业走出去的新机遇

——2009年的拉丁美洲

中国社科院学部委员研究员　苏振兴

在中国和拉丁美洲、加勒比地区(以下简称"拉丁美洲")关系的发展过程中,2008年有两件大事值得重视。第一,中国政府于11月5日发表《中国对拉丁美洲和加勒比政策文件》。第二,胡锦涛主席于11月中下旬对哥斯达黎加、古巴和秘鲁进行国事访问,并在秘鲁国会发表《共同构筑新时期中拉全面合作伙伴关系》的重要演讲。这两件大事共同传递出一个重要信息:中拉关系发展进入"全面合作伙伴关系"的新阶段。可以预期,作为中拉关系重点领域的经济贸易合作必将进一步扩大和深化。对中国企业界而言,拉丁美洲是实现"走出去"战略的新机遇。

一、《政策文件》适时出台,意义深远

中国政府发表《中国对拉丁美洲和加勒比政策文件》(以下简称"《文件》")是中拉关系史上的第一次,对于推动双边关系的发展意义深远。《文件》指出:"中国政府从战略高度看待对拉关系,致力于同拉丁美洲和加勒比国家建立和发展平等互利、共同发展的全面合作伙伴关系。"同时,《文件》提出了中国对拉美政策的总体目标:在政治领域"互尊互信、扩大共识",在经贸领域"互利共赢、深化合作",在人文领域"互鉴共进、密切交流";并重申"一个中国原则是中国同拉美国家及地区组织建立和发展关系的政治基础"。

《文件》的出台以中拉关系的长期积累为客观基础。中华人民共和国成立以来,中拉关系大体经历了三个大的发展阶段:前20多年是以双方民间交往为主的阶段;20世纪70~80年代,中国与拉美地区大多数国家建交的阶段;20世纪90年代以来,中拉各领域友好合作取得长足发展的阶段。迄今为止,中国已与21个拉美、加勒比国家建交。其中,中国与巴西、阿根廷、墨西哥、秘鲁、智利等国已建立了"战略伙伴"或"全面合作伙伴"关系;中国共产党与拉美的80多个政党建立了新型的党际合作关系;双方议会交往、政府部门对口交流和文化交流广泛开展,结为友好省、州或友好城市的单位已有102对;中国与拉美地区组织的磋商与对话机制不断完善;双方在国际多边外交中的协调配合日益密切。在经贸合作领域,双边贸易呈现出高速发展的态势,中国与拉美未建交国也都有贸易往来。中拉双方在电信、基础设施建设、能源矿产、科学技术等领域的投资合作不断取得新的进展。拉美已有15个国家承认中国的"市场经济地位"。中国与拉美多数建交国签订了投资保护协定。正如胡锦涛主席所指出的:"中拉利益融合达到了前所未有的深度,双方关系水平达到了前所未有的高度。"

《文件》的出台表明了中国对发展中拉关系的重视。拉丁美洲是一片广阔富饶的大陆,该地区不仅达到了较高的发展水平,其巨大的发展潜力也正在日益显现出来。拉美各国都希望联合自强,致力于促进

本地区和平、稳定与发展；它们都积极参与国际事务，致力于维护世界和平，促进共同发展，在国际事务中正在发挥着越来越重要的作用。中国作为最大的发展中国家，与拉丁美洲这个重要的发展中地区加强团结，在国际范围内共同维护发展中国家的正当权益，在双边关系上坚持平等互利、共同发展，符合双方的根本利益。《文件》指出："中国政府制定对拉丁美洲和加勒比政策文件，旨在进一步明确中国对该地区政策目标，提出今后一段时期中拉各领域合作的指导原则，推动中拉关系继续健康稳定全面发展。"

《文件》反映了抓住机遇的强烈意识。《文件》指出："新形势下，中拉关系面临新的发展机遇。"如何理解新形势下的新机遇？胡锦涛主席对此有一段精辟论述："发展是增进人民福祉、促进社会进步的根本途径。发展是中拉最为紧迫的任务，中国和拉美的发展都处于关键时期，也都是对方发展的机遇。"为了适应经济全球化的大趋势，中国和拉美国家都实行对内改革、对外开放的基本方针。中国经过30年高速发展，经济实力迅速壮大；拉美经济则在经历20世纪最后20年的相对低迷后进入了新的扩张期。中拉双方经贸合作的巨大潜力正在日益显现出来，充分利用这种机遇已成为推动各自发展的重要因素。在当前国际金融危机的严峻形势下，加强合作，共度时艰，更是中拉双方的共同愿望。可以说，发展是中拉双方最大的利益汇合点。正是在这个最大的利益汇合点上，双方互为对方提供了难得的机遇。

《文件》体现了全面合作的指导方针。《文件》就中国与拉美国家开展合作交流的领域作了尽可能全面的阐述，涵盖了政治、经济、人文、社会、和平、安全和司法等方面的34个领域，既表明了中国继续坚持深化对外开放的基本国策，也体现了中国与拉美国家建立"全面合作伙伴关系"的指导方针。

二、中拉关系新阶段的成功首访

《文件》发表后，胡锦涛主席紧接着于2008年11月中下旬对哥斯达黎加、古巴和秘鲁三国成功地进行了国事访问，成为中拉关系进入"全面合作伙伴关系"新阶段后的首次访问。

在与哥斯达黎加总统阿里亚斯的会谈中，胡锦涛主席对中哥关系发展提出3点建议。第一，共同把握好中哥关系的发展方向。第二，共同建设好中哥关系的重要机制和平台。第三，共同培育好中哥关系的社会基础。双方宣布启动中哥自由贸易协定谈判；支持两国企业在基础设施建设、农业、电信、能源等重点领域开展务实合作。两国签署了经贸、金融、能源、教育、科技等领域的11份合作协议。

在访问古巴期间，双方一致认为，中古保持和发展长期友好合作，是当前国际形势的需要，是两党、两国政府和两国人民的共同愿望，决心永做好朋友、好同志、好兄弟。双方就扩大贸易、投资，深化文化、教育、卫生、体育、旅游等方面的合作达成广泛共识。两国签署了经济技术、教育、医疗卫生等领域的5份合作文件。

在与秘鲁总统加西亚的会谈中，双方共同宣布两国自由贸易协定谈判成功结束；两国正式建立战略伙伴关系。胡锦涛主席提出："把促进和扩大相互投资作为两国务实合作的优先方向。中秘重点加强矿业领域投资合作，有利于全面提升双方经贸合作水平、促进两国共同发展。"加西亚总统表示："中国是秘鲁可依赖的朋友，秘鲁支持中国的发展。秘方期待更多中国采矿企业到秘鲁投资，愿意为它们创造良好投资条件和环境。"双方同意将贸易、矿业投资、基础设施建设、高技术、扶贫合作作为重点合作领域。两国签署了经济技术、卫生、海关、扶贫、金融、矿业、农业等领域的11份合作文件。

2008年11月20日，胡锦涛主席在秘鲁国会发表了题为《共同构筑新时期中拉全面合作伙伴关系》的演讲。这是一篇面向整个拉美地区的重要演讲，系统阐述了中国关于发展中拉关系的立场和主张。胡锦涛主席高瞻远瞩地指出："当今世界正在发生大变革大调整，和平与发展仍然是时代主题。求和平、谋发展、促合作已经成为不可阻挡的时代潮流。中国作为最大的发展中国家，拉美作为世界上重要的发展中地区，双方更加紧密地团结起来，开展更高层次、更宽领域、更高水平的合作，既是时代潮流的要求，也是各自发展的需要。""中国愿同拉美和加勒比国家一道，努力构筑双方平等互利、共同发展的全面合作伙伴关系。"

胡锦涛主席强调:构筑这一伙伴关系,要牢牢把握共同发展的主题;要坚持平等互利的基本原则;要不断开拓创新,开展广泛全面的合作。他还进一步就发展中拉关系提出具体倡议:继续密切政治关系,深化经贸互利合作,加强国际事务中的协调配合,重视社会领域互鉴共进,丰富人文对话交流。

三、拉美国家期待加强与中国的合作

中国政府提出与拉美国家构筑平等互利、共同发展的全面合作伙伴关系,开展更高层次、更宽领域、更高水平的合作,也反映了拉美国家的共同期待。

1.拉美国家期待加强与中国合作。看重中国的巨大市场

目前,中国已成为拉美在全球的第三大贸易伙伴,在亚洲的第一大贸易伙伴。墨西哥经济学家、联合国拉美经委会执行秘书阿丽西亚·巴尔塞娜最近指出:"高水平的增长预期将使中国在未来几年成为全球经济最重要的增长中心,并为拉美和加勒比的出口创造一个潜力巨大的市场。然而,直到不久以前,除南美洲的某些基本产品之外,对这个市场的开拓是不够的。"

2000~2007年,中拉年度贸易额由100多亿美元增加至1 000多亿美元。中国作为拉美贸易对象国其地位大幅上升。在拉美33个国家中,中国作为出口对象国,在21个国家中的地位上升,并在其中的10个国家中跃居前5位;作为进口对象国,中国在32个国家中的地位上升,并在其中的23个国家中跃居前5位。中拉贸易的高速增长有三个主要原因:一是中国从拉美进口的农矿产品大幅上升;二是拉美经济增长速度加快,对中国商品的需求和进口能力明显增强;三是国际市场农矿产品价格大幅上涨。拉美国家在农矿产品生产方面具有优势。例如,拉美大豆产量占世界的49.1%,油料产量占世界的31.3%,精铜产量占世界的19%,铝产量占世界的22.3%,锌产量占世界的28.1%,锡产量占世界的16.7%,巴西和阿根廷的牛肉产量分别占世界的15.7%和5.3%。因此,当前中拉贸易的基本格局是"产业部门间"(interindustrial)的贸易,具体表现为拉美国家主要向中国出口资源性产品,中国主要向拉美输出工业制成品。拉美国家普遍认为,如果把对华贸易变为"产业部门间"的贸易与"产业部门内部"(intraindustrial)的贸易并举的格局,将会大大扩展双边贸易。

2.拉美国家期待加强与中国合作。认为中国是一个新兴的对外投资国

中国是世界上拥有外汇储备最多的国家。近年来,有越来越多的中国企业走出国门,在海外投资兴业。截至2007年底,中国近7 000家境内投资主体设立对外直接投资企业超过1万家,分布在全球173个国家(地区),投资存量79亿美元。其中,2007年对外投资净额为265亿美元。因此,拉美国家普遍认为,中国已成为一个日益重要的对外投资国。在全球的外国直接投资中,发展中国家吸收的部分由1990年的25%上升到当前的35%。20世纪70年代,在进入发展中国家的外国直接投资中,拉美吸收的部分占40%。如今,拉美这种独占鳌头的地位已被亚洲所取代。据联合国贸发会议统计:2000~2006年间,进入亚洲(15国)的外国直接投资年均1 100亿美元,而进入拉美的只有630亿美元;截至2006年底,亚洲拥有的外国直接投资存量达1.2万亿美元,约占世界总量的10%,拉美只有9 060亿美元,约占世界总量的7.6%。进入拉美的外国直接投资集中流向巴西、墨西哥、智利等少数国家。例如,2006年,拉美吸收外国直接投资724亿美元,其中墨西哥190亿美元,巴西188亿美元,两国合计占50%以上。

截至2007年底,中国在拉美的直接投资存量为247亿美元,应该说,占同期中国对外直接投资存量的比重不小。但是,其中有66亿美元投放在英属维尔京群岛,168亿美元投放在开曼群岛,即247亿美元中的90%以上集中投放在人口不足15万的两个英属加勒比小岛上。因此,拉美有评论认为:"中国(对拉美的)投资主要流向了开曼群岛和英属维尔京群岛这两个加勒比的财政天堂,与拉美和加勒比其他经济体关系不大。"这种情况表明,中国企业应该调整对拉美的投资布局。

3.拉美国家期待加强与中国合作,视中国为"亚洲工厂"的核心

联合国拉美经委会近期发表的几个关于拉美与亚洲、中国关系的报告都认为，由东盟10国和中、日、韩3国组成的亚太地区已经成为"世界工厂"或"亚洲工厂"。其主要特点是：(1)以中国为核心，即中国作为主要角色和世界经济中心之一在亚洲的出现，使得亚洲地区以中国为中心正在进行广泛的贸易重组；(2)亚洲各国间进行了大量的相互投资，形成了地区性的生产与供应链条；(3)地区内部的贸易已形成"产业部门内部"贸易的格局，当前60%的运输设备、机械以及零部件贸易都是在地区内部进行的。因此，拉美国家期待能够参与这个"亚洲供应链"，走与亚洲国家增加相互投资、扩大生产领域合作、开辟"产业部门内部"贸易渠道的道路。其中的重点合作对象就是"亚洲工厂"的核心——中国。

拉美国家长期奉行对外关系多元化的方针，但在不同阶段有不同的侧重点。进入21世纪以来，随着亚洲的崛起，拉美重点拓展与中国和亚洲经济贸易合作的趋势不断强化。"拉美太平洋弧"(El Arce del Pacifico Latinoamericano)的概念受到前所未有的重视便是其中的一个突出例子。所谓"拉美太平洋弧"本来是指拉美太平洋沿岸11国这样一个简单的地理概念。2006年8月，这11个国家正式组成一个地区性协调机构，创立"拉美太平洋弧部长论坛"。该论坛探讨的重点课题之一是如何拓展与亚洲的经贸合作，参与亚洲的生产链条，分享亚洲的贸易繁荣。在短短两年多时间内，该论坛已经举办了4次。

在拉美的太平洋沿岸国家中，智利、秘鲁、哥斯达黎加等国在拓展与中国、亚洲的经贸合作方面更为积极主动，取得的成效也更为明显。例如，智利是率先大力开拓亚洲市场的国家，也是第一个与中国签订自由贸易协定的拉美国家，它不仅较好地调整了对外经贸关系的布局，而且从中获得了重要商机。以智中双边贸易为例。自2006年10月双边自由贸易协定付诸实施以来，关税减让取得重要进展。中国削减或取消了占中国税目总数97.2%的7 336种产品的关税，其中4 795种产品关税已降为零；智利削减或取消了占其税目总数98.1%的7 750种产品的关税，其中5 891种产品的关税已降为零。在协定实施的头两年内，双边贸易额分别达到132亿和176

亿美元，同比增长59%和33%；智利向中国出口分别为92亿和116亿美元，从中国进口分别为40亿和60亿美元。智利的例子对其他拉美国家无疑具有重要的启示意义。

四、拉美地区形势的发展趋势

进入21世纪以来，由于多种因素的相互作用，拉美地区形势的发展呈现出一些新的趋势和特点。

地区政治局势保持平稳。拉美国家(除古巴外)实行的是西方代议制民主制度，按宪法规定通过定期举行大选实现政府的更迭和权力的交接。拉美政坛近期来的一个重要变化是一批左翼政府先后上台执政。这些左翼政府都是民选产生的，说明它们具有广泛的民众基础。拉美国家都是发展中国家，政党制度依然不够成熟，各种不同倾向的政治势力在政坛上交替出现是正常现象。20世纪90年代在少数拉美国家以及2001年在阿根廷，都出现过因国内局势动荡导致国家领导人提前下台的"政治危机"。但自那以后这种现象没有再发生，这反映出拉美国家政局的稳定性明显增强。这种局面的出现得益于多方面的原因。第一，各派政治力量能够遵守代议制民主制度的游戏规则，尊重投票结果，使国家能保持正常的政治秩序。第二，各国政府致力于发展经济、改善民生、减少社会贫困、增强社会凝聚力，使社会的安定程度有所提高。第三，拉美各国政府通过多种地区性的磋商与协调机制，积极推动地区合作，努力化解有关国家的内部冲突，维护地区的和平稳定，共同营造有利于地区发展的环境。拉美各国的局势发展也存在明显的差异。例如，在有些国家，朝野之间、不同政治势力之间围绕某些政治议题的争斗比较激烈，或者有组织犯罪活动比较猖獗，或者社会不公正现象依然严重，等。由这类问题引起的矛盾、冲突的激化，甚至局部性的动乱，也是在所难免的。这并不影响我们对拉美整体形势"保持平稳"的基本判断。

2003年以来经济形势明显好转。拉美地区的经济发展在20世纪80年代曾因债务危机而出现过"失去的10年"；90年代在经济改革过程中又多次发生金融危机，经济增长总体处于相对低迷的状态。2002

年,拉美经济进入新的增长期,已连续 6 年保持年均 5%左右的增长率;石油和多种大宗农矿产品出口需求旺盛,价格大幅攀升;许多拉美国家贸易连年盈余,财政状况不断改善,外汇储备逐年增加,就业形势好转,贫困发生率持续下降。有评论认为,这样的经济形势是拉美近 40 年来不曾有过的。与此同时,实行稳健、务实的经济政策是拉美国家当前的主流趋势。例如:实行适度宽松的财政政策,增加基础设施建设投资和社会投入;实行灵活的汇率政策,保持出口商品的竞争优势;增加外汇储备,强化金融体系,减轻债务负担;深化产业结构调整,提高国内市场的供给能力,重点开发某些具有国际竞争力的新产品;继续实行开放政策,优化投资环境,加强国际合作,等。极少数拉美国家实行的国有化政策,主要是在石油、天然气开采领域提高本国所占的股权比重。

积极应对国际金融危机冲击。当前,国际金融危机对广大发展中国家的不利影响正在不断加深。就拉美国家而言,这场危机的影响主要表现在以下几个方面。其一,随着美国、欧元区和日本经济相继陷入衰退,拉美国家的出口形势恶化。其中,墨西哥和中美洲国家因其对美国市场依存度太高,出口所受的冲击也最大;南美洲国家主要遭受国际市场原油和农矿产品价格大幅下跌的打击;加勒比国家可能面临旅游业的萧条。其二,拉美国家有大批劳动力在美欧国家工作,每年汇回的收入高达数百亿美元。预计 2009 年"海外劳工汇款"将会出现较大幅度的下降。其三,外国直接投资减少,发展融资面临更大的困难。其四,预计拉美经济 2009 年会出现明显的下滑,就业形势可能出现逆转,贫困发生率可能止跌回升,社会形势会出现某种程度的恶化。

不过,这次国际金融危机的冲击是在拉美经过 6 年较高的经济增长和政策调整之后出现的,各国应对危机的能力明显加强。例如,绝大多数拉美国家公共财政状况较好,偿债压力不大,通货膨胀率不太高,金融体系健康,全地区外汇储备超过 5 300 亿美元(2008 年第三季度)。从近期的情况看,拉美国家采取的应对措施如下:(1)实行"反周期"的财政货币政策,增加基础设施等领域的投资,以增加就业和拉动内需。例如,墨西哥、阿根廷将分别投入 5 800 亿比

索(约合 430 亿美元)和 320 亿美元用于基础设施建设。(2)扩大信贷规模,重点支持中小企业和外贸部门。如巴西对面临偿还外债压力的企业提供专项贷款。(3)减免税收。如厄瓜多尔政府决定,对受危机影响的出口部门暂缓征收 2009 年企业所得税。(4)提高对出境资本征税的税率。(5)确保社会投入,鼓励就业,实行专项社会救助计划,等。

大国对拉美地区的重视程度明显提高。进入 21 世纪以来,受国际环境和拉美地区政治经济形势变化的影响,各大国对拉美的重视程度在明显提高。美国政府在"911"事件后曾一度降低了对拉美地区的关注度,但自 2007 年起态度有所改变。如布什总统及美国政府其他高官频繁出访拉美,重建以大西洋为活动范围的美国第四舰队,吸收更多的中南美国家加入北美自由贸易区,继续实施"哥伦比亚计划",增加对拉美的医疗援助,等。预计奥巴马政府会进一步提高对拉美地区的关注程度。

欧盟强化与拉美关系的力度更为突出。例如:欧盟与拉美首脑会议已先后举行 5 次,参与国由 1999 年的 47 国增加到 60 国;欧盟与拉美贸易额由 2000 年的 1 135 亿欧元增加到 2007 年的 1 668 亿欧元;同期欧盟对拉美投资的股票市值从 1 765 亿欧元上升到 4 000 亿欧元;欧盟还承诺在 2007~2013 年间向拉美提供 27 亿欧元的一揽子援助。此外,欧盟与拉美的政治与经贸合作还具有越来越强的"制度化"或"机制化"特点。

俄罗斯近年来与拉美关系的进展十分引人注目,双方经贸合作规模不断扩大,对拉美的武器出口明显增加。仅在 2008 年,俄罗斯在拓展与拉美关系方面就采取了一系列重大行动。如梅德韦杰夫总统出访巴西、委内瑞拉、古巴等国;俄罗斯远程轰炸机造访委内瑞拉;俄罗斯海军舰队远涉重洋,与委内瑞拉海军在加勒比海举行联合演习。

正在崛起中的亚洲大国印度在拓展与拉美的关系方面也迈出了前所未有的步伐。总统和总理等主要领导人接连出访拉美主要国家,印拉贸易额 2007 年已超过 40 亿美元,印度在拉美能源、矿业、信息产业、制药等领域的投资累计达 70 亿美元,其中仅在玻利维亚开采铁矿的项目就准备投入 27 亿美元。

五、抓住机遇,深化中拉经贸合作

拉丁美洲有 5.5 亿人口,地区国内生产总值超过 4 万亿美元,在世界几大发展中地区中人均产值最高。2007 年,拉美对外贸易总额 1.429 3 万亿美元,其中出口额 7 522 亿美元,进口额 6 771 亿美元。当年中拉贸易额在拉美进出口总额中分别只占 7.6% 和 6.8%。与美国和欧盟在拉美的直接投资均高达数千亿美元的规模相比,中国在拉美的直接投资可谓无足轻重。可以说,迄今为止,中拉双方各自对对方市场的开拓都还做得远远不够。

胡锦涛主席强调,中拉构筑全面合作伙伴关系"要牢牢把握共同发展的主题"。"共同发展"必须通过双方互利合作的过程去实现。因此,在"全面合作伙伴关系"中,经贸合作处于中心地位。当前中拉经贸合作的"新机遇"主要表现在以下几个方面。第一,随着双方发展水平的提高和经济规模的扩大,互向对方商品提供了更大的需求和吸纳能力。2000 年以来中拉贸易出现前所未有的高速增长已经证明了这一点。第二,拉美国家期待中国扩大在拉美的直接投资规模。在国际金融危机背景下,这种期待更为迫切。中国企业正面临在拉美投资的良好机遇,尤其是在能源矿产领域。例如,巴西淡水河谷公司、秘鲁矿业公司等,已主动邀请中国企业加盟。第三,拉美正面临新一轮产业结构调整。多数拉美国家都希望有选择地发展一批具有国际竞争力的新型制造业企业,或对某些传统产业(如纺织业等)进行升级改造,为中国企业开展与拉美企业的投资、技术合作和向拉美国家出口设备提供了机会。第四,拉美正在出现基础设施建设的热潮。这既是为了突破基础设施落后的瓶颈制约,也是应对国际金融危机冲击的一项重大措施。中国的工程承包企业在拉美已有良好的业绩和信誉。2009 年 1 月中国正式加入美洲开发银行后,中国工程承包企业参与拉美工程建设的机会将大大增加。

中国企业如何抓住和利用拉丁美洲提供的新机遇?

(1)从战略高度重视对拉美市场的开拓。中国的发展要充分利用"两个市场,两种资源",这是一项长远的战略方针。海外不同地区的市场各有各的优势,欧美市场资金技术优势明显,拉美、非洲市场资源优势独特。中国随着自身发展阶段的变化,对外部不同类型资源需求的紧迫程度在发生变化,中国企业拓展海外经营的能力也在不断提高。对中国而言,拉美地区的重要性已和改革开放前期不可同日而语。

(2)着力优化贸易结构。近年来,中拉贸易摩擦案例多集中于中国输出的纺织、服装、鞋类、玩具等产品。拉美国家都希望力保本国的这类劳动密集型传统产业。因此,中国企业应增加技术含量较高的机电产品出口,相应减少上述敏感产品输出。拉美各国对华出口大多集中于两三种农矿产品,品种比较单一,因此,普遍希望和中国的制造业企业加强合作,对华输出某些制造业零部件,参与"亚洲供应链"。这一愿望值得中国企业予以重视。与商品贸易相比,中拉服务贸易的发展更显滞后。

(3)扩大对拉美的直接投资是关键性步骤。中国当前对拉美投资的主要着眼点无疑是在能源矿产领域。国际金融危机引起的拉美能源矿产企业的经营困难和产品价格的大幅下跌,为中国企业提供了低成本并购的机遇,但这种机遇可能是短暂的。这就要求中国企业、特别是大型国有能源矿产企业从国家长远战略需要出发,适时抓住机遇,果断作出投资决策。此外,中拉贸易如果长期局限于"产业部门间贸易"的格局,既难以保持持续增长,也难以实现贸易关系的均衡发展。当前的重要选择是扩大双方企业的投资与技术合作,不断拓宽合作生产的领域。

(4)主动寻找商机,立足长远发展。国内有一些长期经营欧美市场的企业,近期在拉美国家为其产品找到了新的出口市场,既弥补了欧美市场需求下降的损失,也为企业调整市场布局提供了机遇。这个例子说明,在当前国际金融危机肆虐的严峻形势下,中国的企业家更需要发扬奋力开拓的精神,主动到像拉美这样有潜力的市场上去寻找商机。对中国的企业家而言,走向拉美可能会暂时面临诸如距离较远、环境相对陌生、专业人才不足等不利因素。但以往的经验表明,这些因素不是不可克服的。关键的问题在于,企业一旦在拉美获得出口市场或投资项目,就要树立长期发展的观念,不断把市场做大,坚持把项目做好。只要假以时日,中国的企业家照样能在拉美的商海中创造业绩,为中拉双方的共同发展做出贡献!

对美国国家创新体系演进的几点认识

——突出特征、决策过程和创新战略动态

高世楫，刘云中

（国务院发展研究中心，北京 100010）

美国是主导全球经济、技术和政治格局的唯一超级大国。这一地位在很大程度上是由于美国多年来通过保持其技术经济优势、增强国际竞争力而获得的。最近几年来，面对全球竞争格局的变化，美国政府部门、国会、产业界、研究机构感到必须加强美国的创新才能应对全球竞争的挑战，并对如何加强美国创新能力提出了许多政策建议。

一、美国国家创新体系的一些独特特征

1.美国知识产权保护体系的变迁服务于美国从发展中国家向发达国家的演变

美国一直强调企业和市场机制推动技术进步的力量，在立国之初的宪法就明确了国家保护知识产权，允许个人对其发明和著作享有有限时间内的排他性使用权，并在立国后两年通过了《专利法》和《版权法》。但在立国以后的很长一段时间，美国的专利保护制度都是鼓励美国人创新，同时这套专利也鼓励美国人用各种方法获得先进技术而提高国家的技术水平和产业竞争力，包括允许和鼓励对外国技术的无偿使用[1790 年通过的《版权法》只保护美国人的版权，鼓励盗用外国人的版权，如查尔斯·狄更斯等英国作家的作品在美国广泛盗版。美国鼓励盗版的政策，在 1891 年才有所改变，但只保护在美国生产的外国著作的版权，这一"生产条款(manufacturing clause)"直到 1986 年才正式废止]。另外，1793 年的《专利法》规定只有美国公民方可以在美国申请专利，这就鼓励美国人将外国创新拿到美国进行合法生产；1800 年的修正案规定到美国居住 2 年的外国人可以获得美国的专利；1836 年终于允许外国人在美国申请专利，但外国人交纳的专利申请费用是美国人的 10 倍，而英国人要申请则费用更高。

20 世纪 80 年代以后，美国在全球高技术领域全面领先，美国的对外贸易政策的重要支点就是将美国的专利保护技术向全球输出，以保护美国创新者的利益。美国的知识产权保护制度为鼓励美国创新做出了巨大贡献，但在知识经济时代，美国的知识产权保护制度、特别是《专利法》被认为阻碍了创新，需要进行全面的修改以有利于增强竞争和鼓励创新。

2.美国的军工产业在其创新体系中的独特地位

国防和军工产业在美国创新体系中的重要作用同样可以追溯到美国立国之初。1794 年，华盛顿总统提出并得到国会批准而由政府开办的 4 家兵工厂为部队提供武器，其中 Harpers Ferry 军工厂发明的零部件可互换的方法，成为后来美国制造方式的基础。在第二次世界大战中，包括原子弹在内的新技术为美国赢得战争的胜利做出了巨大贡献，也使全社会充分认识到科学技术的巨大威力。美国在二战以后建立了一种任务导向的军事和国防技术研究开发体系，同时通过大量的政府采购，从供给和需求两个环节支持了一批重大技术的开发，带动了产业发展。最为典型的是政府在飞机制造、核能、因特网、计算机、

半导体、航天技术这六种通用技术领域的持续投资，满足了国防采购的需要，并催生了新的产业，美国企业能够在这些新产业中具有较强的竞争力，美国也因此成为全球领先国家。在过去半个多世纪中，联邦R&D支出中与国防相关的研发支出所占比例一直很高，在20世纪60年代冷战高峰期曾达到80%，而在20世纪90年代苏联解体、冷战结束后也占50%左右。国防军工的研究持续为美国产业提供全新知识和原创性技术。

3.政府从支持农业科技开始建立了一套有效支持非国防研究和基础研究的机制

除了国防和军事技术外，美国政府对创新的直接支持还表现在非国防技术研究开发方面，其历史同样悠久。1862年《大学赠地法》(the Morrill Land Grant College Act of 1862)及其后的一系列法律激励了联邦政府发展工程教育和推广农业科技。在第二次世界大战后，政府对基础研究和医学研究的直接支持更加系统化。通过向国家自然科学基金(NSF)拨款、通过对全国卫生研究所(NIH)的持续支持，美国保证了国家对基础理论研究这一公共产品生产的支持。一个基本的制度环境是，美国所有政府开支都有一套严格的管理和审计程序，政府研究资金的分配也必须遵守严格的规则，通过竞争方式支持基础研究。

4.美国的国家创新体系能够有效地激发不同创新主体的活力

美国的创新体系最重要的特点就是不同主体之间的合作与竞争创造了高效的创新生态，使科学家的自由探索、企业的逐利行为、政府的长期目标、高校的有效竞争能够有机地结合。美国比较开放的移民政策鼓励全球高级人才移民美国，大学内部的治理机制、企业间竞争的压力、政府出于生产军工产品的需要而提供的研究开发支持、多层次的资本市场支持创新者创新创业等，这都促进了知识的产生和流通，激发了不同创新者的活力。政府对大学、国家实验室从事基础开发的支持以及大企业研究实验室对基础研究的投入保证了美国处于知识创新的前沿；规模巨大的军事采购和全球化的市场，为新产品创造了有效的需求，激励了企业的持续研发投资，而金融支持，催生了新产业的诞生和成长。这使美国的

创新体系充满活力。多年来，作为创新主体的企业其在研究开发的投入占全社会研究开发投入的2/3左右，而企业承担了所有研究开发支出的3/4。美国全社会研究开发支出占GDP的比重一直在2.5%以上，除了企业在创新中的积极作用，政府的研究开发开支在全社会研究开发总支出中一直占有很高比例。还有一个重要的制度特征，就是美国反垄断法有效地促进和保护了竞争，对推动企业创新产生了非常积极的作用。这种体制自第二次世界大战后逐步形成，在过去的60多年没有根本性变化，但创新政策的重点有所调整。

二、美国创新政策的形成过程和部分参与机构

美国公共政策的形成是多方利益博弈的结果，在科技政策的形成过程中，美国的政府行政部门、国会、企业、大学、各种研究机构等力量都充分参与，各自通过不同渠道和方式，影响国会和政府的最终决策。

简单而言，美国科学技术和创新政策的重要特点，就是不存在统一的决策。在美国，没有一个单一的政府机构或国会的委员会可以确定联邦政府研究开发的投入。联邦政府的许多部门都有相关领域的科技政策决策权(如国防部、商务部、NASA等)，而国会与研究开发有关的拨款委员会有25个之多，这导致联邦政府科技投资决策的高度分散化。虽然冷战后美国成立了内阁级别的国家科学技术委员会，从属于内阁的科学技术政策办公室，协助总统以协调国会和联邦政府众多机构关于科学研究、技术开发和创新政策的多头决策，但这种分散决策的格局没有根本改变。在过去的10多年间，美国的相关政府部门、国会和众多思想库都积极参与到美国形成科学技术和创新的政策讨论中。

1.政府部门

美国政府从1951年开始设置总统科学技术顾问，1961年成立科学技术办公室，1973年国会正式授权成立了目前形式的科学技术政策办公室(OSTP)。OSTP是内阁的一个部门，它为总统及内阁成员提供科学和技术政策，协调不同政府部门、民营部门、地方政府的科技政策等。由1993年总统行政

令而建立的国家科学技术委员会 [National Science and Technology Council(NSTC)]是一个内阁级别的委员会,由总统担任主席,各部部长和与科技政策有关的主要联邦机构首脑担任委员,负责协调联邦各部门之间有关科学和技术的决策过程。委员会的基本目标是为横跨多个领域、由多个机构管理的联邦政府科学技术投资建立清晰的国家目标。NSTC 下设科学、技术、环境与自然资源以及国土和国家安全四个基本委员会。总统科技顾问委员会是一个为总统提供科学和技术政策反映民间看法的咨询机构,由总统任命的 35 个来自产业界、大学、研究机构和其他非政府组织的成员组成。科学技术办公室主任兼任顾问委员会共同主席。

2006 年初,美国总统提出的美国竞争力计划(American Competitiveness Initiative)就是由 OSTP 准备的,而 NSTC 和 PCAST 在过去几年中围绕创新和竞争力问题为总统提供了一系列的研究报告。

2.美国国会

作为美国立法部门的国会,众、参两院在美国的科技政策和创新战略中一直承担非常重要的角色。所有的联邦科技预算拨款都必须经过国会讨论通过,众、参两院还分别设置了相关的科学技术委员会,专门负责科技和创新领域的政策和立法。

1957 年,苏联发射宇宙飞船 Sputnik 改变了美国的科学技术战略以及政策。1959 年,科技委员会成为众议院 1892 年以来成立的第一个新的永久委员会。它负责所有有关联邦政府在非国防领域的科技研发投资方面的立法、项目批准等。众议院科技委员会下设 5 个专门委员会。

众议院科技委员会在近年来一直致力于推动科技创新的立法。2005 年 11 月,时任众议院少数党领袖的民主党议员 Nancy Pelosi 在全国记者俱乐部公布了民主党的计划——"创新计划:提高竞争力保持美国世界第一(Innovation Agenda: A Commitment to Competitiveness to Keep America)",并推动将这一计划变成法律。在 2006 年民主党获多数党地位后任议长的 Pelosi 积极推动创新的立法工作,终于在 2007 年 5 月 21 日使众议院通过了 "创新与竞争力混合法案"(H.R. 2272, the Omnibus Innovation & Competitiveness bill,

又称为 21st Century Competitiveness Act of 2007)。它包含了民主党创新计划的一些主要内容。

参议院有关科技创新的主要委员会是商业、科学和运输委员会(Commerce, Science and Transportation Committee)下设的科学技术和创新专门委员会(Subcommittee on Science, Technology and Innovation)。2005 年,商业委员会通过了 "2005 年创新法案"(National Innovation Act of 2005),此法案的基础是民间机构美国竞争力委员会在对美国创新政策进行研究后提出的《创新美国》(Innovate America)报告。同样,2006 年 5 月,参院商业委员会通过了创新和竞争力法案(American Innovation and Competitiveness Act of 2006),该法案体现了上述《创新美国》(Innovate America: Thriving in a World of Challenge and Change)以及由美国科学院准备的《迎击风暴》(Rising Above the Gathering Storm:Energizing and Employing America for a Brighter Economic Future)的内容,主要包括要增加研究投资、培育科技人才并建设创新基础设施。参议院的这两份议案都最终未能成为正式法律。

3.半官方组织和各类研究机构

美国有众多的组织和机构持续从事科技政策和创新战略研究,主要包括具有半官方性质的国家科学院(National Academies),也包括民间机构竞争力委员会(Council on Competitiveness),还有传统的重要思想库如兰德公司 (RAND)、布鲁金斯研究所(Brookings),它们的研究报告对美国科技政策的形成有重要影响。

美国国家科学院是国家科学院 (National Academies of Science, NAS)、国家工程院(National Academies of Engineering, NAE)、医学院 (Institute of Medicine) 和国家研究委员会 (National Research Council, NRC)的总称,是由美国顶尖科学家和工程师组成的科学和工程界重要的学术团体,为美国科技政策的制定和科技发展反映科技界的看法。在 20 世纪冷战结束后,这些机构对美国的科学研究和技术开发提出过一系列的建议。2005 年,国家科学院应参院能源与资源委员会之要求,提交了《迎击风暴》科技政策咨询报告,影响了国会和政府部门的科技政策取向。

美国竞争力委员会是20世纪80年代由美国多位企业领袖、大学校长和劳工组织领袖联合成立的一个民间论坛，讨论企业、政府和大学如何共同努力提高美国的全球竞争力。它经常举行研讨会，并不定期出版美国竞争力指标。1999年，美国的竞争力委员会发布了题为《繁荣面临的新挑战：从创新指标取得的新发现》报告，开宗明义在第一章"创新与国家繁荣"指出创新是美国长期竞争力和繁荣的基础，没有一个国家能够通过利用标准方法生产标准产品而维持高工资、高生活水准，并屹立于全球市场。2003年10月启动了一项名为国家创新计划的研究，动员500多位来自产业、政府、学界和非政府部门的领袖人物研究和讨论如何在美国创造一个最有吸引力、最高产出率的创新环境。在2004年，形成了《创新美国》的报告，这份报告对政府和国会制定的科技政策和立法产生了重要影响。

除了传统的思想库RAND外，美国著名的研究机构布鲁金斯研究所对美国经济、政治和社会发展的重大政策一直产生重要影响，其中包括对美国产业发展和长期增长所举行的政策研究。2006年，布鲁金斯研究所成立了一个以为美国现代经济体系奠定基础的美国第一位财长Hamilton为名称的研究项目"汉密尔顿计划(The Hamilton Project)"，该计划秉承Hamilton经济思想的精髓，即明智稳健的财政政策，使更多人分享成长的机会可以促进美国增长的信念以及"来自政府的审慎帮助和鼓励是增强和引导市场力量的必要条件"的原则，研究创造机会、实现增长与繁荣的经济战略。该项目在2006年底发布了一组有关"创新和基础设施"的研究报告，它将科学发展、技术进步和创新同经济增长联系起来，提出要通过科学、技术和创新促进美国的增长和创造更多的机会，并讨论了人才培养精神，鼓励技术创新和改革专利体系等问题。Hamilton这种理念，也充分体现了美国关于创新的长期信念，即创新必须为经济增长服务，美国的长期增长必须依靠创新。

此外，还有众多的社会研究机构也参与到美国创新战略和科技发展的政策讨论中，从不同的渠道影响了美国创新战略的制定和政府政策的调整。

三、美国创新战略的近期变化

如前所述，最近几年，美国企业界通过竞争力委员会组织的"创新美国(Innovate America)"研究，表达了产业界对国家创新问题的关注和政策建议；美国国会也提出了加强创新、提高美国经济竞争力的法案；美国前总统布什在2006年的国情咨文也明确提出要通过激励创新以保持美国的安全和竞争力。朝野的这些认识，在布什所提出的美国竞争力的行动计划(American Competitiveness Initiative)中得到了充分的体现。主要是形成了关于科学、技术和创新与国家竞争力关系的共识。

把创新作为提升国家竞争力的根本源泉。一直以来，美国政府和产业界都把创新视为立国之本，是美国在全球竞争中建立国家竞争力的根本源泉。在20世纪、特别是第二次世界大战以后，美国建立和完善了政府、企业、大学各司其职，产品市场、资本市场和企业家市场良性互动的国家创新体系。在冷战时期，美国通过联邦政府在国防、空间、能源、环境、健康方面的持续投资，保证了国防技术的领先，并带动了相关产业的发展。在20世纪最后20年中，美国为应对日本崛起对其全球经济领先地位的挑战而调整了科技政策，通过鼓励政府研究商业化、鼓励合作研究、鼓励民用技术的开发和扩散，实行了产业升级，增强了经济竞争力。在21世纪、特别是"911"事件后，美国联邦政府不但增加了国防投入，而且增加了国防研究开发的投入。政府、企业界和大学对新时期美国如何通过促进科技发展、保持国际竞争力和保障国家安全进行了深入的讨论和对话，并逐渐形成了一些共识。反映这种共识的一个有代表意义的事件，就是美国前总统布什在2006年提出的国家竞争力行动计划。

将提高国家创新体系效率作为提升竞争力的关键措施，美国的国家创新体系划分为四大系统：联邦政府系统、企业系统、高等院校系统和其他非营利系统。美国对国家创新体系建设的主要措施有：保证充分的投入，尤其是提高教育与培训的投入；创造有利于创新的环境，例如强调知识产权保护，维护和制定标准；加强各机构间的交流和伙伴关系等。 ⑥

金融危机下的巴西建筑业

周志伟

(社科院拉美所，北京 100007)

全球金融危机爆发后，巴西是被经合组织(OECD)评为世界主要经济体中不会出现经济大幅下滑的国家之一，而英国《每日镜报》也评价巴西和中国是当前全球金融危机中"经济稳定"的模范国家。尽管如此，这场源于美国次贷市场的金融危机还是给巴西经济带来了较大影响，甚至超过了巴西政府此前的预期。2008年第四季度，巴西GDP环比下降了3.6%，其中工业产值降幅达到了7.4%。而受冲击最大的是巴西的建筑业，根据巴西建筑材料工业协会统计，2009年第一季度建筑材料销售额同比下降18.47%。

自2004年以来，建筑业是巴西经济最具活力的经济部门。宏观经济的稳定、就业形势的改善、国家最低工资的提高、家庭收入的改善等因素促成了建筑业的持续快速增长。2007年，建筑业增长率达到了5%。2008年，建筑业更是实现了罕见的8%的增长率，超过了本年度5.1%的GDP增速和4.3%的工业增长率，实现了连续第五年的较快增长。据巴西政府统计，2004~2008年间，巴西GDP总共增长了26%，而建筑业产值则增长了34%，建筑业成为巴西经济的重要发动机。另外，建筑业是巴西就业人口最多的经济部门，2008年，该行业就业人口增长了17.4%，就业总量约为600万，约占全国就业人口的15%。正由于稳定的宏观经济环境，较好的发展趋势，以及巴西着手解决贫困家庭的住房问题等因素，美国美林投资银行在金融危机爆发前预测，巴西建筑业有望在未来10年内都将保持目前这种较快的增长势头。

自2008年9月中旬全球性金融危机爆发以来，巴西建筑业30家上市公司资产缩水达72.3%，其中Inpar、Abyara和Agra三家主要建筑公司的市值缩水幅度甚至超过了90%。有着45年历史的Cyrela是巴西最大民用建筑工程公司，其业务范围遍及巴西17

个州(总共26个州和一个联邦区)的55个城市和邻国阿根廷。危机爆发后，Cyrela裁掉300名员工。而另一主攻高档住宅的JFSF公司也裁掉了40位员工。Lopes和Abyara两个公司的裁员人数也都达到了60位。裁员对象包括工程师、律师、设计师和技术工人。据统计，2008年11月至2009年2月间，金融危机共造成巴西75万人失业。2008年12月至2009年1月，建筑业就业人数下降了4.7%，新增失业人口8万，成为就业萎缩幅度最厉害的一个行业。建筑企业表示，为了应对金融危机引起的信贷萎缩，巴西建筑业进入一个新的调整期，而首要调整目标便是通过裁员降低公司成本。2008年9月，巴西建筑指数(衡量建筑成本)增幅达到了1.3%，2008年全年，建筑成本增长了11.5%。建筑成本的增高，加之高利率、高税收、信贷萎缩和市场需求的减少，巴西建筑业面临多重困难。圣保罗建筑业工会主席预测，金融危机将对巴西建筑业带来重创，2009年增长率只能处于3.5%~4.5%。

建筑业面临的困境已经引起巴西政府的高度重视。为避免企业破产影响在建工程，并且稳定建筑业的就业情况，巴西政府早在2008年11月宣布设立一笔40亿雷亚尔(1美元约合2.3雷亚尔)的专项信贷，帮助建筑企业渡过难关。为防止建筑业进一步衰退，巴西联邦储蓄银行向民用建筑公司提供了30亿雷亚尔贷款，并且巴西政府将放宽其他银行对建筑业的贷款限制，专家分析，此举有可能为建筑公司争取100亿雷亚尔的资金。

作为应对当前金融危机的一项重要措施，巴西政府经过几个月的酝酿，制定了名为"我的家，我的生活"的全国住房计划，计划在今明两年内为中低收入家庭建造100万套住房，以此振兴建筑业，增加就业机会，刺激经济发展。该计划预计总投资340亿雷亚尔,其中,联邦政府投资 255 亿雷亚尔,工龄保障基金 75 亿雷亚尔,巴西开发银行注资 10 亿雷亚尔。而 100 万套住房的去向,40 万套面向 3 个人的最低工资以下的贫困家庭,40 万套面向 3~6 个人的最低工资家庭,剩余 20 万套则面向 6~10 个人的最低工资家庭。预计该计划有望减少全国 14%的住房不足(目前存在720万套的不足)情况。

"全国住房计划"的出台得到了巴西国内的一致好评,认为政府此举既解决贫困家庭住房难题,缓解长期积压的社会问题,同时也能通过振兴民用建筑业,拉动内需,刺激生产,增加就业,促进国民经济的增长。在就业方面,巴西民用建筑商会(CBIC)认为,民用建筑业在经济中很重要,起着经济杠杆的作用。据估算,民用建筑业每投资 100 万雷亚尔,就创造 30 个直接工作岗位。每 100 个直接工作岗位,将创造 280 个间接工作岗位。因此,"全国住房计划"有望在

未来两年内创造 50 万个就业新岗位,缓解巴西政府的就业压力。其次,民用建筑业将会带动其他实体经济部门的发展,巴西财政部长吉多·曼特加说,这是一项勇敢而大胆的计划,既是应对全球经济危机的重大举措,也必将极大地刺激巴西经济的发展。根据他的预测,"全国住房计划"的实施有望使巴西国内生产总值增加 2%。

在当前危机之下,巴西建筑业的增速下滑是在所难免的,但政府推出的一系列扶助和刺激政策的确可以使建筑业避免更大幅度的下滑,加之在可预期的时期内,巴西政府还将使用减税、增加信贷、降低利率等经济刺激措施,建筑业所面临的困境有可能得到较大的缓解。另外,巴西政府将民用建筑业转向低收入阶层也有望扩大市场的需求量,而政府对基础设施的扩大投资也为巴西建筑业的发展提供了有利的环境。⑤

(上接 86 页)

Construction Management Guidebook

第 1 章　CM 的概要
1.CM 的定义
2.CMr 的业务
3.对 CMr 的期待
4.CMr 的法律责任
5.CMr 的伦理
6.CMr 的知识体系

第 2 章　CM 的业务体系
1.基本计划阶段
2.基本设计阶段(初步设计阶段)
3.实施设计阶段(施工图设计阶段)
4.工程发包阶段
5.施工阶段
6.完成后阶段
0.通用业务

第 3 章　CM 的理论、技术、方法
1.项目运行
2.会计、财务
3.成本
4.环境
5.进度
6.质量
7.风险

第 4 章　CM 的案例
私营工程案例
1.综合商业楼
2.办公楼
3.办公楼改修
土木工程案例
1.道路
2.水坝
3.海外案例
4.地方公共团体(市政工程)

补　章
1.CM 业务的报酬
2.与 PMBOK 的比较
3.发包方式的选择
4.CM 的发展历程
5.与 CM 方式有关的报告书
6.日本 CM 协会
7.相关团体
8.用语集

建筑施工领域的主要侵权行为及其法律处理(上)

曹文衔

(上海市建纬律师事务所, 上海 200050)

我国侵权责任法已经全国人大常委会多次审议,按照全国人大的立法计划和目前的立法进展,该部法律有望在下一次人大全会上获得通过。本文根据笔者在长期工程建设和法律服务实践中对涉及建筑施工领域侵权纠纷情形的分析,研究阐述建筑施工领域的主要侵权责任及其法律处理,希望对建筑施工企业未雨绸缪,尽快了解、把握施工领域侵权行为的法律特征、法律后果,为提高施工安全管理水平、预防侵权行为和依法妥善处理侵权纠纷、维护企业的合法权益提供参考。

一、侵权行为与侵权责任的基本概念

(一)侵权的定义以及侵权行为适用的归责原则

我国现行《民法通则》第106条规定,违反合同或者不履行其他义务的人,以及由于过错侵害他人财产、人身的人应当承担民事责任。没有过错,但法律规定应当承担民事责任的人,也应当承担民事责任。

通则认为,违反合同的人,承担合同违约责任;而在没有缔结合同的情况下,行为人可能实施不符合法律规定的行为,由于过错(包括法律规定在行为人不能证明自己无过错的情况下推定其有过错),侵害他人人身、财产,造成损害的,应当承担侵权责任。法律规定,行为人对自己的无过错行为造成的他人人身、财产的损害应当承担侵权责任的,行为人也应当承担一定限度的侵权责任。也就是说,侵权行为适

用的归责原则有三类,分别为过错责任、过错推定责任和无过错责任。因此,笔者提醒施工企业关注的是:第一,依照法律规定,而非合同约定,企业对自己及所属人员的行为造成他人损害的,可能承担侵权责任;第二,企业承担侵权责任可能是由于行为人有过错,或者依照法律推定其有过错,也可能完全没有过错。

(二)侵权责任的构成要件

法学界和法律界一般认为,侵权责任的构成要件有四个:第一,行为的违法性;第二,损害或损害事实;第三,行为与损害之间的因果关系;第四,过错(当然,适用无过错责任时,该要件不存在)。

所谓行为的违法性,是指侵权人的行为违反法定义务、违反保护他人的法律或者故意违背公序良俗。比如,施工人违反环境保护法律的规定,施工过程中产生的振动、噪声侵害了他人的人身、财产,应当承担侵权责任;施工围墙由于暴风雨倒塌致人损害,施工单位作为围墙施工人和管理人因为违反了公民人身、财产依法受保护的法律,应当承担侵权责任;故意对施工过程中挖掘出的死者棺木、葬品随意丢弃,违背善良风俗,因而造成他人精神利益损害的,应当承担侵权责任。

损害包括已经产生的不利后果(即现实损害)和现实威胁。构成侵权法上现实损害和现实威胁的两个要素是:第一,受害人被侵害的是合法权利;第二,受害人合法权利受到减损的客观结果已经产生或者

能够合理预见。比如,施工过程中在紧邻民居的施工场所存放雷管、炸药、汽油等易燃易爆施工物品,虽尚未产生严重后果,但对居民人身、财产安全构成现实威胁的,构成侵权法律上的损害事实。

所谓行为与损害之间的因果关系是指,违法性行为构成他人所受损害的客观原因,而他人所受损害的事实是违法性行为的客观后果。一般情形下,受害人请求行为人承担侵权责任的,负有证明行为人行为与受害人损害之间存在因果关系的举证责任,但根据法律规定,对于特殊情形下的侵权判定实行因果关系推定的,受害人只要证明因果关系的盖然性存在(即存在一般程度的可能性),而行为人不能证明因果关系不存在的,推定因果关系成立。也就是说,在法律明确规定的特殊情形下,适用因果关系的举证责任倒置,即:由一般情形下的权利主张者举证因果关系存在倒置为被控侵权者举证因果关系不存在。现行《最高人民法院关于民事诉讼证据的若干规定》第四条对侵权诉讼中因果关系的举证责任倒置作了具体规定,其中,与施工领域侵权行为有关的规定包括:

1.高度危险作业致人损害的侵权诉讼,由加害人就受害人故意造成损害的事实承担举证责任;

2.因环境污染引起的损害赔偿诉讼,由加害人就法律规定的免责事由及其行为与损害结果之间不存在因果关系承担举证责任;

3.因共同危险行为致人损害的侵权诉讼,由实施危险行为的人就其行为与损害结果之间不存在因果关系承担举证责任。

过错包括故意和过失。明知自己的行为会发生他人受损害的结果仍然实施该行为,并且希望或放任这种结果发生的,为故意。应当预见自己的行为可能发生他人受损害的结果,未尽合理注意义务,因为疏忽大意而没有预见,或者已经预见而轻信能够避免(即懈怠),以致发生这种结果的,为过失。而所谓"合理注意义务"通常以与普通人处理自己的事务相当的注意义务为判断合理与否的标准,但笔者认为,对于施工企业,由于施工活动涉及工程技术的专业性,其实施某一行为时应尽的"合理注意义务"还应考虑其作为一个具有相同等级的施工资质、专业经验的专业承包商在工程施工专业领域一般或通常应尽的注意义务。对于行为人是否有过错的举证责任

一般在受害人,但在法律明确规定的特殊情形下,对行为人的过错适用举证责任倒置,即:由一般情形下的权利主张者举证行为人存在过错倒置为被控侵权者举证其行为不存在过错,不能证明的,法律推定行为人有过错。现行《最高人民法院关于民事诉讼证据的若干规定》第四条对侵权诉讼中行为人过错的举证责任倒置作了具体规定,其中,与施工领域侵权行为有关的规定包括:

1.建筑物或者其他设施以及建筑物上的搁置物、悬挂物发生倒塌、脱落、坠落致人损害的侵权诉讼,由所有人或者管理人对其无过错承担举证责任;

2.因缺陷产品致人损害的侵权诉讼,由产品的生产者就法律规定的免责事由承担举证责任。

二、施工企业与施工行为有关的侵权行为的主要类型

(一)从侵权行为发生的原因来看,施工领域侵权行为主要集中在:

1.安全防护措施不当或缺失导致侵权。此类侵权行为最为常见,比如,道路开挖施工过程中,未设置安全防护设施、标志,或者设置的安全防护设施不可靠,标志不明显,导致过路行人、车辆遭受损害。

2.施工方法不当导致侵权。此类侵权行为多表现为不按照施工规范施工对相邻建筑物、构筑物或相邻人其他财产、人身等造成伤害。比如,基坑开挖时,未按照规范和施工组织设计的要求,或施工组织设计不当,造成相邻房屋开裂、倾斜甚至倒塌;桩基工程施工时,将静压桩施工方法擅自改为锤击桩施工方法导致周围民房因施工振动开裂、奶牛不产奶;施工中因铺设施工便道堵塞河道,引起水质变化,水产养殖场鱼虾死亡;施工机械超载或超场地范围堆放材料,导致公共设施管线破坏、农作物受损。

3.未遵守第三人有关的规定导致侵权。比如,违反城市管理机关或物业管理人有关禁止夜间施工的规定,导致利害关系人受到惊扰或其他环境权益受到损害。

4.施工质量缺陷导致侵权。此类侵权行为多表现为工程质量缺陷导致人员伤亡或财产损害。比如,玻璃幕墙脱落致人伤亡、车辆损毁,或者玻璃幕墙虽未脱落但明显具有脱落的危险,并可能致人身、财产

损害。

5.追讨合法债权方法不当导致侵权。此类侵权行为多发生在追讨工程款等合法债权时由于方法或手段不当导致对债务人的人身、财产甚至第三人的人身、财产的损害。比如，为追讨工程款，未经债务人同意，或未依生效的法律文件和合法程序，强行占有、转移债务人的财产，甚至非法限制债务人的人身自由。

(二)从侵权责任法关于侵权行为适用的归责原则的分类来看，施工领域侵权行为主要包括：

1.过错的侵权行为，一般包括：侵害生命健康权行为，侵害物权行为，侵害其他财产权行为。

本文上述列举的施工企业及其员工可能实施的各种具体侵权行为中，凡是由于过错造成他人人身伤害、残疾或致人死亡，或者以侮辱、非法搜查等手段侵害他人身体，虽未造成他人人身伤害、残疾或致人死亡，但造成他人精神损害的，构成对他人生命健康权的侵害；凡是由于过错造成他人物质性财产(一般指动产或不动产) 损害的，构成对他人物权的侵害。而侵害其他财产权行为是指由于过错造成他人非物质性财产(一般指除动产、不动产以外的其他财产权，如债权、知识产权等)损害的行为，比如，采取引诱、胁迫债务人等非法手段阻止债务人履行债务，造成债权人债权受到损害。

2.过错推定的侵权行为，一般包括：用人者的侵权行为，违反安全保障义务的侵权行为，物件致害侵权行为。

虽然具体的侵权行为一定是基于自然人的作为或不作为而产生的，但是依据法律的规定，在一定的条件下，企业或者其他法人单位、组织，必须对它的法定代表人、负责人、雇员、接受的被派遣者、实习生等有关人员在执行职务、从事雇佣、被派遣工作活动中致人损害的侵权行为承担替代的侵权责任。上述企业或单位的侵权责任的承担不要求企业或单位对具体侵权行为实施人有具体明确的侵权行为指令。换言之，只要企业的上述有关人员实施与职务或者雇佣活动相关的行为致人损害的，法律就推定企业作为用人者对所属人员具体施行的侵权行为负有过错，因而应承担替代侵权责任。当然，如果企业或单位对具体侵权行为实施人有具体明确的侵权行为指令，不论该实施人是否属于企业的上述有关人员，企业均作为教唆、指令他人实施侵权行为的共同加害人，依据法律规定，应当与具体实施侵权行为的人一道，承担连带侵权责任。但是，如果企业的上述有关人员实施与职务或者雇佣活动无关的行为致人损害的，应当由行为人自己承担侵权责任，而与企业无关。因此，一般而言，在施工场地内，施工人员在施工过程中的行为导致他人损害的，施工企业通常均可能依法承担过错推定的侵权责任。

安全保障义务人的侵权责任来源于法律规定的从事经营活动或一定社会活动的自然人、法人或者其他组织，在合理限度范围内对于活动参与人的人身和财产安全应尽的安全保障义务。安全保障义务的合理限度范围一般依据下列标准加以确定：

(1)安全保障义务人是否获益；

(2)风险或损害行为的来源及强度；

(3)安全保障义务人控制、防范危险或损害的能力；

(4)受害人参加经营活动或社会活动的具体情形。

笔者认为，就工程施工领域而言，施工企业应尽的安全保障法定义务至少要包括如下几个方面：

(1)对于施工活动参加者的安全保障义务。对于施工活动参加者，施工企业对于施工人员应当进行规范操作、劳动安全防护的教育、指导并配备完备的安全防护装备。对于必须持证上岗的岗位，应当严格按照有关规定执行。

(2)对于施工场所的安全保障义务。对于施工作业场地和材料设备存放场地(以下统称为施工场所)在可能的情况下应当实施可靠稳固的封闭，并实行严格的安全保障措施。传统做法上，施工企业在施工场所实行安保措施的目的过分强调防偷防盗即工地财物的看管，但从预防侵权的角度看，笔者建议，施工企业的安保措施还应根据上述法定的安全保障义务的合理限度范围确定标准加以补充完善。比如，对于施工场所周边可能存在儿童活动的情况，施工场所边界的护栏等维护措施应当在构造上确保其栏杆间隙足够严密，防止儿童钻入施工场所，造成损害。另一方面，对于施工场所内场地、未完工程、材料设备工具的存放使用地点、存放使用方式应当作充分的安全检查，以确保施工场所的安全。

(3)对于被许可进入施工场所的非施工活动参加者的安全保障义务。除了确保未经施工单位许可的人员不能进入施工场所和对于施工人员进行规范操作、劳动安全防护的教育并配备完备的安全防护装备之外，对于经施工单位许可而进入施工场所的非施工人员（如参观者），由于客观上不太可能对他们实行如施工人员一般严格全面的安全知识辅导，现场配发的安全防护装备也往往是单一的安全帽，不如施工人员的安全防护装备齐备，则施工单位更应加强对此类人员在施工场所的安全保护措施，比如，除根据参观目的为每一批参观者配备讲解人员之外，还应当配备安全指导监督人员，对每一名参观者可能导致安全隐患的着装（比如化纤衣物穿着者不得进入电焊作业区）、随身携带物品（比如打火机以及含有易燃物的其他生活用品）、特定行为（比如柴油、汽油存放使用区域不得使用手机）进行使用指导监督，必要时做出某些限制，此外，还可能根据情况对特定人员的参观线路、区域做出限制或引导。

（4）对于施工场所以外受施工活动影响区域内人员、财产的安全保障义务。对于施工场所周边可能因施工活动造成安全隐患的一定区域，由于处在封闭的施工场所之外，通常属于公共场所。又由于通行的临时性、偶然性和不特定性，过往行人、车辆对于该特定区域安全隐患的敏感度和防范意识，与施工企业人员或进入工地的参观者相比，明显不足，客观上不可能为这些行人、车辆本身配备任何的安全防护装备、设施，因而其安全防护能力也明显不足。因此，施工企业应当高度重视，结合这些区域人员、车辆活动的特点和规律，协同城管、公共道路交通等有关管理机构，调整施工方法、施工时间，并采取更加严密周到、细致完善的人防与技防相结合的安全防范措施，以充分履行施工企业在施工活动中的安全保障义务。

物件致害的侵权责任来源于法律规定的工程施工人、物件管领人对于物件应尽的安全管理责任和义务，除非物件管领人能够证明自己没有过错或者法律另有免责规定，法律推定对于物件致人损害的某些情形，工程施工人、物件管领人存在过错，应当承担侵权责任。就施工领域而言，施工企业承担物件致害侵权责任主要有下列情形：

（1）建筑物、构筑物及其上的搁置物、悬挂物等发生倒塌、脱落、坠落等现象造成他人损害的；

（2）树木倾倒、折断或者果实坠落致人损害的；

（3）堆放物滚落、滑落或者倒塌致人损害的；

（4）在公共场所施工或在公共通道上设置妨碍通行的障碍物，因未设置明显警示标志或采取合理的安全措施，而致人损害的；

（5）废弃不动产、抛弃动产，因处置不当致人损害的；

（6）制造环境噪声、振动污染致人损害的。

3.无过错的侵权行为，一般包括：产品侵权行为，危险作业致人损害的侵权行为，环境侵权行为。

一般侵权法意义上的产品，是指经过加工、制作，用于销售的动产，而不包括建设工程。但建设工程中使用的建筑材料、构配件和设备等属于产品范围的动产。如果由于工程中使用的建筑材料、构配件和设备等产品缺陷致人损害，虽然根据我国产品质量法的规定，应由缺陷产品的生产者、销售者承担侵权责任，而一般不认为施工企业是建筑材料等产品的生产者或销售者，但对于建筑施工企业而言，如果缺陷产品实际由其自行采购提供（即所谓乙供材料）并用于工程中，则致人损害时建设单位往往要首先向受害人承担侵权责任，然后向施工企业追偿。施工企业和/或建设单位承担侵权责任后，再向缺陷产品的生产者、销售者追偿。

所谓危险作业（《民法通则》中称为高度危险作业），一般是指从事高空、高压、易燃、易爆、剧毒、放射性、高速运输工具等对周围环境有超过一般工作危险程度的作业。但法学界和法律界对于施工活动在侵权行为和侵权责任中的法律性质即是否属于危险作业的认识尚不明确。有学者认为，公共场所施工属于危险活动。也有人认为，施工活动中的高空、高压、易燃、易爆、剧毒、放射性作业才算危险活动。显然，明确施工活动在侵权法律关系中的性质，将直接影响到对施工领域某一具体侵权行为所产生的侵权责任的归类，进而影响纠纷解决特别是诉讼解决作为被告侵权者的侵权抗辩举证责任的承担。具体地说，如果某项施工活动被认定为危险活动，则被告侵权者应当承担的是基于危险活动的无过错侵权责任，否则被告侵权者应当承担的只是过错侵权责任或者是过错推定的侵权责任。笔者认为，由于施工活动通常具有露天作业受自然环境影响较大的特点，施工活动中一般包含高空作业、地基挖掘、工作材料重量大且易燃易爆材料多等多项安全风险较高的内容，并涉及水电煤气等含用较高安全风险的专业配套工程，对周边社会公众、公共环境造成的安全风险较高，工程施工活动的实际人员伤亡率也明显高于其他一般工业活动，因此，施工活动符合危险活动的一般特征，在现行法律尚未明确规定的情况下，针对个案的纠纷处理过程中，除少数特例(如临时、简单、封闭的施工作业)之外，纠纷裁判者倾向于认定施工活动，特别是公共场所的施工活动，属于危险活动。

环境侵权行为，在施工领域多表现为制造噪声、振动、扬尘等污染，夜间施工照明引起的光污染、乱倒渣土，偷排泥浆等侵权行为，以及由于施工人的过错导致污水、燃气等基础设施管线损坏而产生次生环境污染的侵权行为。

此外，施工领域常见的火灾事故和工伤事故中的侵权责任由于事故发生的原因以及事故中有关责任人和被害人的身份关系不同，难以按照上述侵权行为适用的归责三原则简单统一地划归其中任何一类，需要根据个案的情况单独分析。

如果火灾事故是由于缺陷产品、高度危险作业或环境污染等适用无过错责任的原因引起的，则由该产品的生产者及销售者、高度危险活动的组织实施者、排污者等责任主体承担侵权责任。如果火灾事故是由于施工企业的雇员或其他所属人员的侵权行为、施工企业违反安全保障义务的侵权行为、施工企业管理或归其所有的物件致害侵权行为等适用过错推定责任的原因引起的，则施工企业作为责任主体应按照有关过错推定责任的法律规定承担侵权责任。

根据最高人民法院关于审理人身损害赔偿案件适用法律若干问题的解释第11条、第12条和第14条以及《安全生产法》第48条、《职业病防治法》第52条的规定，在工伤事故中，用人单位应当按照下列不同情形分别承担对劳动者的人身损害侵权责任：

(1)与用人单位具有合法劳动关系的劳动者在劳动过程中遭受人身损害的，用人单位应当承担赔偿责任。劳动关系以外的第三人造成劳动者人身损害的，赔偿权利人可以请求该第三人或者用人单位承担赔偿责任。

(2)依法应当参加工伤保险的用人单位的劳动者，因工伤事故遭受人身损害，赔偿权利人向用人单位承担民事赔偿责任的，适用《工伤保险条例》的规定。

(3)帮工人因帮工活动遭受人身损害，被帮工人应当承担赔偿责任。被帮工人明确拒绝帮工的，不承担赔偿责任；但可以在受益范围内予以适当补偿。因第三人侵权导致帮工人遭受人身损害的，由第三人承担赔偿责任。第三人不能确定或者没有赔偿能力的，可以由被帮工人予以适当补偿。

此外，对于施工领域经常出现的徒工、实习生在其学艺、实习活动中受到人身损害的，有学者认为，尽管他们与用人单位并无相应的劳动合同关系，但其本质与劳动关系无异，为了保护其合法权益，应当参照或准用工伤事故中用人单位对劳动者的责任承担方式。笔者认为，徒工、实习生的学艺、实习活动未获用人单位的明确拒绝，期间受到人身损害的，可以参照上述被帮工人对于帮工人承担赔偿责任的方式处理；用人单位同意其学艺、实习的，准用工伤事故中用人单位对劳动者的责任承担方式处理；用人单位明确拒绝其学艺、实习的，应由接受其学艺、实习的带教劳动者个人承担赔偿责任，带教劳动者个人不能确定或者没有赔偿能力的，可以由用人单位在受益范围内予以适当补偿。

劳动者在被用人单位派遣到其他单位工作时遭受人身损害或者致他人人身损害的，由派遣单位和接受单位承担连带责任。

最后，对于劳动者在劳动过程中因安全生产责任事故遭受人身损害的，发包人、总承包人知道或者应当知道承包人或者分包人没有相应资质或者安全生产条件的，有学者认为，双方应当承担连带责任。而笔者认为，发包人、总承包人知道或者应当知道承包人或者分包人没有相应资质或者安全生产条件而未明确拒绝承包人或者分包人的，发包人、总承包人应当承担补充责任，理由是，劳动者在劳动过程中因安全生产责任事故遭受人身损害，其用人单位作为直接组织生产劳动的单位，应当承担主要责任；而一般情形下，发包人、总承包人知道或者应当知道承包人或者分包人没有相应资质或者安全生产条件，与安全生产事故的发生及其后果并无直接的关联，据此判定发包人、总承包人与承包人或者分包人承担连带责任对前者而言有失公平。在上述情形下，发包人、总承包人明确拒绝承包人或者分包人的，发包人、总承包人则不应承担责任。

现浇钢筋混凝土结构施工

常见问题解答(五)

◆ 陈雪光

(中国建筑标准设计研究院, 北京 100044)

3.楼板、屋面板中的构造钢筋和分布钢筋的区别和相关的规定。

构造钢筋一般是结构计算不考虑但需要按构造要求而配置的钢筋, 通常在板的计算时边支座假定为简支, 按构造要求规定应配置的上部抵抗负弯矩的钢筋。在边支座的上部及在中间支座单向板非受力方向配置的上部钢筋, 也可以起到控制温度和收缩应力的作用。构造钢筋有如下要求:(1)构造钢筋的直径不宜小于 8mm, 间距不宜大于 200mm。(2)构造钢筋的截面面积不宜小于该方向跨中受力钢筋面积的 1/3;当跨中受力钢筋的强度等级高于构造钢筋的强度等级时, 应将跨中受力钢筋的面积换算成构造钢筋的面积后, 再除以 3 作为构造钢筋的面积。(3)控制板中的温度和收缩裂缝的构造钢筋, 间距为 150~200mm, 且配筋率不小于 0.1%。

分布钢筋的要求:(1)直径不宜小于 6mm, 间距不宜大于 250mm, 当板中有较大的、集中的荷载时, 间距不宜大于 200mm。(2)在单位长度上分布钢筋的截面面积不宜小于受力钢筋面积的 15%, 且不宜小于该方向板截面面积的 0.15%。(3)非受力的光圆钢筋的端部不需要做弯钩。

4. 悬臂板的受力钢筋在支座内应如何锚固, 有抗震设防要求时是否应满足抗震的锚固长度要求?

(1)当悬臂板跨度较大有内跨板且板面标高相同时, 受力钢筋应伸进内跨板内与内跨板上部负钢筋结合设置, 并要满足悬臂板受力钢筋在支座内的锚固长度要求。

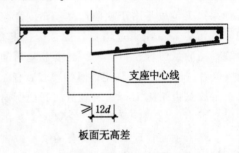

支座中心线

$\geq 12d$

板面无高差

(2)当悬臂板与内跨板有较大的高差时, 悬臂板的上部钢筋不应弯折伸入内跨板内配置, 应分离配置并伸入支座内, 满足锚固长度的要求, 并有下弯折段。

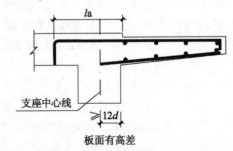

l_a

支座中心线

$\geq 12d$

板面有高差

(3)纯悬挑板的上部受力钢筋应伸入支座内, 锚固长度不应小于 l_a 的要求, 当直线锚固长度满足要求时, 还应有向下弯折的垂直段。

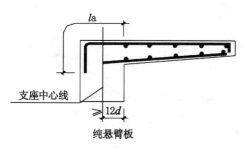

纯悬臂板

(4)当悬臂板跨度较大,有抗震设防要求时,悬臂板的下部还应配置构造钢筋,伸入支座内的长度不小于 $12d$ 且至少伸到支座的中心线。

(5)受力钢筋在支座内的锚固长度不需要按抗震设防要求考虑,当采用 HPB235 钢筋时端部应有 $180°$ 的弯钩且直线段的长度为 $3d$。

5.在楼板和屋面板中设置的温度钢筋网片与板中上部受力负钢筋的连接,当采用搭接时是否要考虑同一连接区段内的接头百分率的要求?

近年来在现浇板中的裂缝问题比较严重,其主要原因是因为混凝土收缩和温度变化在板内引起的约束拉应力,设置温度收缩钢筋有助于减少这类裂缝。由于受力钢筋和分布钢筋也可以起到一定程度上抵抗温度和收缩应力的作用,因此在板中未配置钢筋或配筋量不足的部位,特别是在较大跨度的双向板的上部,沿两个正交方向布置温度收缩钢筋。因板中的收缩和温度应力目前尚不易准确地计算,《混凝土结构设计规范》根据工程经验给出了配置温度收缩钢筋的配置原则和最低的数量规定。当配置板面的温度收缩钢筋与板上部的受力或构造钢筋连接时:(1) 可采用搭接连接的方式或在周边的构件中锚固,搭接的长度为 $1.2l_a$,钢筋的搭接长度按温度收缩钢筋的直径计算;(2)温度钢筋的间距为 150~200mm,在板

上、下表面沿纵、横两个正交方向的配筋率均不宜小于 0.1%;(3) 温度收缩钢筋可在同一区段内搭接连接,搭接的长度均为 $1.2l_a$,不需要按在同一区段内100%搭接的 $1.6l_a$ 考虑。

6.悬挑板在阳角的放射钢筋配置方法及在阴角处构造钢筋的配置要求。

悬挑板在阳角和阴角部位均应配置附加加强钢筋,当转角部位为阳角时,可采用两种形式配置附加加强钢筋,平行加强形式和放射加强形式(通常应按设计文件的要求形式配置)。

(1)在板的转角板处平行于板角对角线配置上部加强钢筋,在垂直板角对角线配置下部加强钢筋,配筋宽度取悬挑长度 L,其加强钢筋的间距应与板内受力钢筋相同。

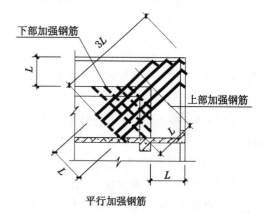

平行加强钢筋

(2)在悬挑板的阳角配置放射加强钢筋时,其间距沿 $L/2$ 处不应大于 200mm,放射钢筋伸入支座内的锚固长度 l_a 应不小于悬挑长度 L 且不小于300mm。当两侧的悬挑长度不同时,放射附加钢筋伸入支座内的锚固长度应按较大跨度计。

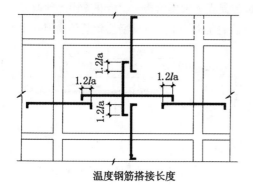

温度钢筋搭接长度

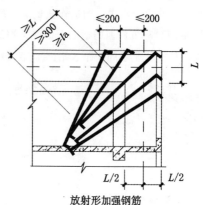

放射形加强钢筋

(3)当转角位于阴角时,应在垂直板角的对角线处配置不少于3根的斜向钢筋,其间距不大于100mm,放置在上层,伸入两边的支座内不小于12d并到支座的中心线处,从阴角向外延伸长度不小于la。

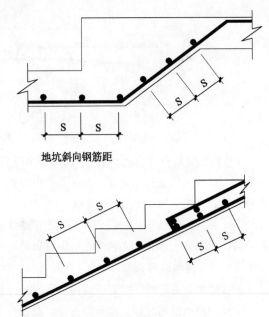

地坑斜向钢筋距

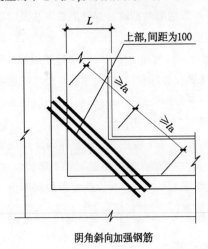

阴角斜向加强钢筋

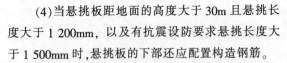

现浇板式楼梯分布钢筋间距

(4)当悬挑板距地面的高度大于30m且悬挑长度大于1 200mm,以及有抗震设防要求悬挑长度大于1 500mm时,悬挑板的下部还应配置构造钢筋。

7.斜向板中垂直与斜方向的钢筋间距应怎样考虑?

当现浇混凝土板为斜向时,对于双向板两个方向均为受力钢筋,对于单向板一个方向应时分布钢筋,无论哪种情况垂直斜方向的钢筋均应按垂直斜面、按设计要求的间距布置钢筋,而不应按垂直地面布置,当为双向板时按垂直地面布置钢筋,间距太大不能满足设计的受力要求,当为单向板垂直于斜面分布钢筋时,也有最小配筋率的要求。在筏形基础或箱形基础的底板上设有集水坑、电梯地坑时,为防止底板不平产生的应力集中,构造作法也会将底板面设计成斜面。(1)垂直斜面的钢筋无论受力钢筋或分布钢筋均应按设计要求的间距 S 沿斜面布置;(2)基础底板中垂直斜面钢筋的间距 S 应按斜方向布置;(3)板式楼梯中的分布钢筋间距 S 应按垂直斜面沿斜方向布置,并应满足每踏步下不少于一根分布钢筋。

8.现浇混凝土楼板下部受力钢筋在支座内的锚固长度应如何计算,当支座为砌体材料时,楼板在支座的搁置长度的要求?

楼板和屋面板的下部受力钢筋除有特殊要求外(人防顶板边支座、转换层楼板边支座、屋面板边支座等),一般不考虑按抗震要求锚固,《混凝土结构设计规范》对下部受力钢筋在支座内的锚固长度laS,有最小长度要求。(1)当板的支座为圈梁、混凝土梁、混凝土墙等构件时,下部纵向受力钢筋在支座内的锚固长度应不小于5d且伸到支座的中心线处;(2)当板的支座为砌体结构时,板在支座上的搁置长度不小于120mm,下部纵向受力钢筋的锚固长度不小

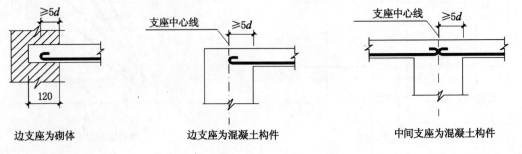

边支座为砌体　　　　　边支座为混凝土构件　　　　中间支座为混凝土构件

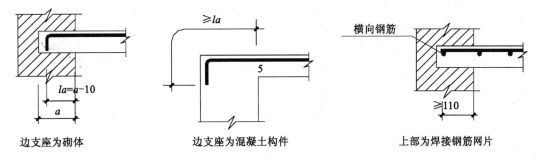

| 边支座为砌体 | 边支座为混凝土构件 | 上部为焊接钢筋网片 |

于 5d；(3)当采用 HPB235 级时，端部应设置弯钩，弯钩的直径为 2.5d，弯折后的直线段为 3d，d 为纵向受力钢筋的直径。

9.楼板及屋面板的上部钢筋在边支座的锚固长度的要求，采用焊接钢筋网片时的锚固长度要求。

楼板和屋面板的上部受力钢筋、构造钢筋在边支座的锚固长度，除有特殊要求外(人防顶板、转换层楼板、屋面板等)，一般不需要按抗震要求计算锚固长度。当支座为混凝土构件时，因材料相同端部要承担负弯矩，在支座内的锚固长度应满足构造要求；当支座为砌体时，考虑砌体对楼板有嵌固作用，上部钢筋伸入支座内的长度有一定的要求。(1)现浇钢筋混凝土结构中，上部钢筋伸入边支座的锚固长度应不小于 la，当水平段满足锚固长度的要求时可不下弯；(2)支座为砌体时，上部钢筋伸入边支座内的锚固长度 la=a-10，a 为现浇板在边支座内的搁置长度，端部应有下弯的垂直段；(3)当上部钢筋采用焊接钢筋网片且支座为砌体时，伸入边支座内的长度不宜小于 110mm，并在网片的端部应有一根横向钢筋；(4)当上部钢筋采用焊接钢筋网片且支座为现浇混凝土构件时，钢筋网片伸入边支座内的长度应不小于 la，水平段不能满足锚固长度要求时，应

将端部弯折并满足锚固长度要求；(5)采用绑扎的 HPB235 级钢筋且有下弯的垂直段时，端部可不做 180°的弯钩。

10.如何理解设计文件中的双向板和单向板的概念，这两种板的配筋有何不同的要求？

在现浇混凝土结构中双向板和单向板是根据板的单块周边支承条件，以及板的长度方向与短方向的比值来确定的，而不是按整层楼面的长度与宽度的比值确定的。双向板两个方向的钢筋都是经计算配置的受力钢筋，由于板在中点的变形协调一致，所以短方向的受力比长方向大，单位面积上的配筋也大，并且要求短方向的钢筋应配置在板的最外侧。四面支承的单向板是短方向受力，长方向是按构造要求配置的构造钢筋或分布钢筋。双向板与单向板按下列条件判定：(1)四面支承的板当长度与宽度的比值不大于 2 时为双向板；(2)四面支承的板当长度与宽度的比值大于 2 而小于 3 时，也宜按双向板配置钢筋；(3)四面支承的板当长度与宽度的比值不小于 3 时为单向板；(4)对边支承的板为单向板。

11.在无平台梁的折板式楼梯中，在下部弯折处钢筋的配置要求，有抗震设防要求时，锚固长度是否应满足抗震构造措施？

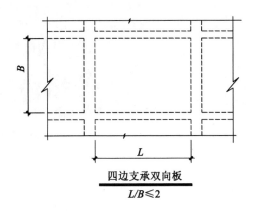

四边支承双向板

$L/B \leqslant 2$

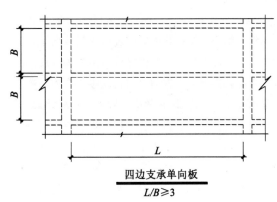

四边支承单向板

$L/B \geqslant 3$

现浇钢筋混凝土板式楼梯在平台处不设置楼梯梁时，通常会设计成折板式楼梯，平台板与踏步斜板的厚度是相同的，下部受力钢筋在弯折处不应通长配置，因下部纵向受力在内折角连续通过，纵向受力钢筋的合力会使内折角处的混凝土保护层崩出，而使钢筋丧失锚固力(有此粘结锚固力，钢筋与混凝土才能共同工作)，导致楼梯折断破坏。(1)在折角处纵向受力钢筋不应连续配置，应在折角处交叉锚固，锚固长度不小于 la；(2)平台板的下部纵向受力钢筋在支座内的锚固长度不小于 $5d$，且伸到支座中心线处；(3)平台板的上部钢筋在支座内的锚固长度不小于 la；(4)楼梯纵向钢筋在支座内的锚固长度不需按抗震锚固长度要求；(5)人防楼梯的纵向钢筋的锚固长度应按 laf 计算。

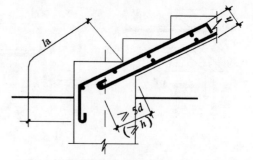

板式楼梯钢筋在基础的锚固

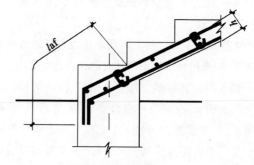

人防楼梯钢筋在基础的锚固

础的中心线处；(3)板式人防楼梯上、下纵向钢筋在基础内的锚固长度应满足 $laf \geq 1.05la$ 的要求；(4)当纵向钢筋采用HPB235级钢筋时，端部应设置180°弯钩，弯钩的直线段长度不小于 $3d$。Ⓡ

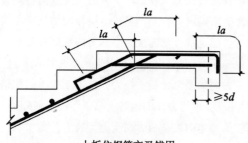

上板位钢筋交叉锚固

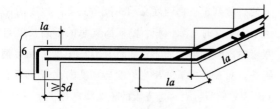

下板位钢筋交叉锚固

12.板式楼梯中的纵向钢筋在楼梯基础中的锚固长度应从何处计算？

板式楼梯在基础处上部都配置抗负弯矩的钢筋，无论该钢筋是按计算需要配置的还是按构造要求配置的，上部钢筋在支座内均应满足锚固长度的要求。人防楼梯在支座内的锚固长度应符合人防锚固长度的要求；板式人防楼梯应配置上、下双层钢筋网片，网片间需设置拉结钢筋。(1)板式楼梯上部钢筋在基础的锚固长度应不小于 la，锚固长度应从第一踏步处计算；(2)下部纵向受力钢筋在基础内的锚固长度应不小于 $5d$，不小于踏步板的厚度且伸至基

"李世蓉教授在工作中所表现出的激情、责任和能力始终给我留下极其深刻的印象。她的感召力总是使大家乐意跟随"。

——英国前副首相约翰·普雷斯科特先生

"李世蓉教授13年来为CIOB做出了很大的贡献,她是国际建筑市场和建筑教育方面的专家,同时也是CIOB最早在中国的发动者和推动者之一"

——CIOB副首席执行官、国际部执行主任迈克·布朗先生

"李世蓉教授已经为CIOB做出了巨大的贡献,在推动中英两国在可持续发展的合作中起到了举足轻重的作用。她不仅赋有极高的学术水平和专业才能,也拥有极好的个人魅力,她成功地做到了常人无法做到的将来自不同国家、有着不同文化和职业的人聚到一起共同分享知识、经验并开展合作。"

——CIOB前任主席、英国约克郡利兹市议员约翰·贝尔先生

近两百年首刷历史
中英业界齐齐喝彩

——重庆大学博士生导师李世蓉授任英国皇家特许建造学会全球主席

> CIOB首席执行官说,"我们需要打开门和窗户,更需要打开门和窗户的钥匙、方法,大家非常高兴李教授能成为CIOB的老板"。她在英国"每五分钟就会提到重庆",完全是一个"中国重庆的鼓动者"。她说:"我的动力来自中国,来自重庆,来自对建筑事业的热爱"。

2009年6月24日,对于工程建筑领域是一个不寻常的日子,在英国这个世界老牌建筑管理的国度,中国女建筑专家李世蓉登上英国皇家特许建造学会(CIOB)全球总部的主席台,CIOB总部第一次悬挂起了中国人的巨幅照片,这是175年来中国专家第一次登上世界建筑的颠峰,更为特别的是,李世蓉教授是该学会成立175年来第一位非英籍且第一位女性全球主席。这一天也意味着,中英建筑业联合发展进程迎来了一个全新的起点;中国建筑业在走向国际化的道路上迎来了新的历史时刻。

6月24日英国时间19点30分,新主席的就职

典礼,李世蓉教授从前任主席手中接过荣誉证书,站到了CIOB主席台宣誓就职。身着职业套装,端庄而美丽,李世蓉用一口流利的英语描绘CIOB新的发展蓝图。开朗明媚的笑容、自信坚毅的目光,她的魅力倾倒五大洲的同仁,通过会议视频直播系统,CIOB各地会员也同时目睹了这一激动人心的时刻,当她从容走上主席台向大家致敬,台下沸腾了……

李世蓉教授,英国皇家特许建造学会(CIOB)2009-2010年度的全球主席,现任重庆市对外经济与贸易委员会副主任、重庆大学博士生导师。她于1982年获得土木工程专业的学士学位,1987年获得建筑管理专业的硕士学位,1998年在英国获得建筑经济与管理的博士学位,在英国学习期间,李世蓉教授同她的博士生导师罗杰·弗莱里根教授一道完成了15万字的《面向国际市场的中国建筑业》的英文专著,在英国公开出版发行,被英国建设部称为在国际上涉及到中国建筑业的权威性著作。与此同时,她先后参加了英国国家级的两个科研课题,公开发表包括SCI检索的论文近20余篇。同时还获得了许多英国

及其他国家建筑领域专业人士十分向往的资格：英国资深皇家特许建造师、英国资深皇家特许测量师、英国资深皇家特许土木工程师以及英国皇家特许环境师等资格。她的研究领域重点在中国建筑业改革、可持续的城市化、建筑领域的政府职能、政府建设项目管理、政府公共项目的私人融资以及国际建筑市场，先后承担国内外国家级、省部级以及横向课题30余项。2001年3月8日，被中华全国总工会授予"全国先进女职工"称号；2002年6月，被国务院批准为"国务院政府特殊津贴获得者"。现在她还兼任着中国市长协会女市长分会常务理事、住房和城乡建设部建筑工程质量安全专家委员会委员和住宅建设与产业现代化专家委员会委员及《建筑》杂志编委、中国建筑业协会理事、重庆市政府科技顾问团成员、重庆建筑业协会副会长等国内外18项社会职务。回国工作的10多年时间里，她主编教材、翻译专业著作27部，并公开发表论文200多篇。"这么多事情要做，你是怎么分配时间的，有休息的时间吗"，她被人民日报、新华社、中新社、新女性、女性人才等媒体记者无一例外地追问过这个"秘密"。李世蓉教授的"秘密"是，"我是搞工程管理的，肯定要统筹好，工作本身也是一种享受"。

李世蓉教授是CIOB在中国发展的第三名会员，此后一直投身于CIOB在中国的推广。到目前为止，CIOB在中国已有1400多名会员。CIOB副首席执行官、国际部执行主任迈克·布朗先生曾说到："李世蓉教授13年来为CIOB做出了很大的贡献，她是国际建筑市场和建筑教育方面的专家，同时也是CIOB最早在中国的发动者和推动者之一"，"她是一位非常优秀的学生，从来没有见过像她这样辛苦工作和卖力的学生。她95%的时间都是在工作，工作的动力就来自于她对于工作的热爱、对于她的国家、对于她的家乡重庆和建筑的热爱。"正是李世蓉教授对工作的专注和执着，凭借自身专业修养、非凡的领导艺术和个人魅力使得其成为学会主席最合适的人选，同时也是对学会自成立以来孜孜不倦地追求国际化发展、视国际化为建筑管理事业永恒标杆的有力证明。

李世蓉教授为中国建筑业国际化发展倾注大量心血，起到了连接中国与世界的桥梁作用。2009年6月25日，李世蓉教授将与CIOB另一位副主席共同组织2012年伦敦的奥运场馆建设的对接会，中国的40多名CIOB会员将前往参加，并在会上交流北京奥运场馆建设的经验。她已经成为促进中英两国建筑业合作与发展的大使，正如CIOB送达李世蓉教授的全球主席职务邀请信中所述："我们相信，一旦您成为CIOB主席，将进一步提升中国在国际建筑市场的影响和形象，同时为中英两国的建筑业发展带来更多的机会。"

同时，作为重庆市对外经济与贸易委员会副主任，李世蓉教授多年来致力于为重庆对外经济发展服务，充分利用自己作为CIOB全球高级副主席的身份以及在英国建立的人际关系，努力促进中国重庆与英国的发展合作。两年多来，为了介绍和宣传重庆，她在国内外大小会议上作了不下100次的对重庆的推介，带领团队积极促成外资项目，特别是积极促进不同国家政府与重庆市政府层面上的合作，有效地推动了外商对重庆的关注，从而实现外资项目的落户。她被人们称为建筑和外贸领域最成功、最有活力的"推销员"。CIOB首席执行官迈克·布朗先生说李世蓉教授在国外学习生活时，她"每五分钟就会提到重庆"，完全是一个"重庆的鼓动者"，她是"很好的宣传中国建设部和重庆的大使"。

李世蓉坦言，要把自己CIOB全球主席的身份和重庆外经委副主任的工作联系起来，让重庆的建筑队伍、中国的建筑队伍走出国门，把重庆打造成一个国际化的经济平台，也要让我们的建筑教育事业不断发扬和壮大。

至此，李世蓉教授刷新了CIOB近两百年历史，成为挺立建筑之巅的中国女建筑大师。她不仅带领中国建筑业在国际上不断得到认可，还将作为全世界100多个国家的CIOB会员领袖带领CIOB不断革新与发展，更将作为关键力量在推动全球建筑业发展水平中呕心沥血！

（穆　梓）

"不当糊涂经理 算好成本再干"

——记北京二建第二项目部经理廖军卫

张炳栋

"简直是胡来！"，从不爱发脾气的北京二建公司第二项目部副经理廖军卫今天有点急了。"一个2 000万元的小工程总不能支出2 050万吧，这预算是怎么搞出来的，给我推翻重来！"

廖军卫把成本员狠狠地批了一通。成本员小李也是一肚子苦水，什么材料涨价啦、运输费用增加啦等等，说了一大堆理由。廖军卫不听则已，一听更是有气："好吧，今天我帮你作一下成本分析，保证全部费用不超过1 800万，不过，这个月的奖金我得给你免了"。

第二项目部承建的郑常庄新村一期4号住宅楼，工程造价2 000万元，廖军卫根据工程实物量，将工程责任成本目标确定为1 800万元。为此，他把费用分解为人工费、材料费、机械费、其他直接费、间接费及暂设费等六项。在每一项中又继续进行细分，如结构材料费分成砖、瓦、灰、砂、石、钢筋、木料、水泥及周转材料等。在分解的过程中，根据每一种材料需用量和市场价格计算出各个子项和总价，依此作为制造成本控制实施的主要依据。

在整个施工过程中，廖军卫注重抓好"成本预控"关键环节。在项目成本的形成过程中，对生产经营所消耗的各项资源和费用开支进行计划、监督、调节和控制，把各项费用控制在计划成本范围之内，以保证项目成本的实现。对人工费的控制，则采用"包干"的形式或"切块"分包的方式，这样便于严格控制成本，杜绝随意性和成本亏损风险，同时也便于管理，而且能发挥外施劳务队和分包单位主动参与管理的积极性，并能较好地控制现场零星用工的发生；在材料费的控制上，廖军卫做到了"把好四关"：一是把好材料价格关。材料价格随着地区、季节等因素差异较大，他要求材料员在采购时一定要货比三家，力求购进质优价廉的建筑材料。二是把好加工订货关。

他要求技术人员根据图纸及相关要求提出加工计划和要求，然后由技术负责人联系厂家，由商务经营人员牵头负责价格、合同及相关供货周期、质量要求、付款要求等事宜的谈判。三是把好数量关。一次，在进商品混凝土时，为克服商品混凝土在施工中容易亏方的缺点，廖军卫在与供混凝土方签订合同时，明确规定不按混凝土的罐车量作为结算的依据，而是根据图纸上实际用量并扣除或部分扣除钢筋在混凝土中所占的体积进行结算；对于木材、钢筋进行实测实量。四是把好限额领料关。要求生产部门依据施工组织设计编制月生产计划，预算部门参照月生产计划负责编制材料预算用量及子目，结合企业的材料消耗定额，进行限额领料，并做好各种材料收发台账和材料实际消耗用量的记录。

经过严控成本，工程收尾时，实际测算结果工程成本总计1 775万元。预测分析结果表明，工程成本经过严格分解测定，不仅保证了目标利润，而且比预算成本降低了25万元。

短评 >>>

二建第二项目部副经理廖军卫"不当糊涂经理，算好成本再干"的做法好！好在这样一算，把总支出算出来，工程亏不亏就清楚了；好在这样一算，把实现目标的措施也给算出来了，那就是把费用分解为人工费、材料费、机械费、其他直接费、间接费及暂设费等六项；把好"四关"，即材料价格关、加工订货关、数量关和限额领料关。紧紧抓住那些严控成本的"关节点"，就心中有数了。从而使节约增效落到实处，杜绝工程实施的随意性和成本亏损的风险。

非洲建筑工地上的故事(五)

——婚礼

大凉

　　我参加过一次非洲当地人的婚礼,就像这张照片上的那个样式的婚礼,说起来真是太有意思了。那是我一个黑人朋友的妹妹结婚,他们请我作为女方的代表出席婚礼仪式。我和那个朋友来到男方家时,我记得刚一进他家的门就吓我一跳,一个女警察冲我大叫:"VISA!"(这个警察就是照片上一个女警察一样的角色,她站在围绕场地一圈的人群中间)我一楞怎么来到他们家还要签证?我回身看我的那位黑人朋友,他笑出了声,冲我说:"走吧,我们不用 VISA"。进里边坐好,我还是疑惑不解地问他:"为什么要呢?"他说:"这个女警察是男方派人扮演的,为了活跃婚礼的气氛,凡是男方来的客人都要 VISA,当然谁也没有 VISA 呀,所以就要付钱,付完一定的钱才能进来,我们是女方的代表出于礼貌不能要钱的。"刚坐好后,男方那边马上就有人来给你喝的,我正好渴,一口气就喝了一罐啤酒,我在那儿喝啤酒出奇的多,每天两顿饭要喝,一次最少喝五筒,非洲热呀。

　　我看见那个警察把收来的钱都交给了男方的主人,接着她又开始另外一种表演,冲着男方的客人说:"我要照相了,给谁照了都要付钱"。这时我看见她从口袋里边拿出了照相机,这可真是世界第一流的相机,上面写着 COCACOLA——就是一个空可乐罐!只看那个警察摆出各种夸张姿势给人照相,客人们都躲她的那个可乐罐。我看见一个中年男的被照完很不情愿地掏出钱,嘴里嘟嘟囔囔地把钱往那女警察手里使劲一扔,大家都笑得前仰后合,看着真是开心。这一切都不算完,一会儿警察这样折腾够了,她又对男方的客人群说:"现在有情报说,你们里边有一个女方派来的特务,我要把他抓出来"。说着说着就对一个男的大叫,并一把把他拽出来,大家乐得都喘不过来气了,那个男的楞楞地大声说:"我不是,我也没钱了,刚才又是 VISA,又是照相,现在又说我是特务,我没钱了,你要不出来了"。这时出来一个老人说:"没钱就干活去!"他就低头出去了。看他倒霉的样子,真是笑死人了。

　　结婚的仪式开始了,只见男方的家长站起来讲话,大概的意思就是说,我的儿子 XX 爱上了你的女儿 YY,我们家商量后觉得你的女儿非常好,我们决定让儿子娶你的女儿为妻子。然后拿出一沓厚厚的钱作为彩礼给女方的家长,同时还送了一些香蕉和一些鸡鸭。这时,女方的家长拿着钱冲我们所有女方代表说,我们到后面商量一下,我的朋友没让我去,因为我是外国人。我坐在那儿一下子觉得很别扭。就我一人,所有的男方代表都看着我,我一看桌前放着啤酒就接着喝起来,以掩饰尴尬。一会儿,女方的代表都回来了,他们对男方父亲说:"我们商量决定把女儿嫁给你的儿子。"男方阵营顿时响起一片欢呼声。这时,女方的代表又拿出许多香蕉和鸡鸭给男方,作为嫁妆。这时那个警察又出来了,对女方的父亲开玩笑地说:"怎么你的亲戚里边还有白人呢?(当地人把不是黑人的人都叫白人)我们怎么不知道呀?"这时大家都看着我笑,我的朋友站起来说:"你们没看见我们的大凉已经晒的很黑了,他已经是我们的兄弟了!"全场的人都大笑起来,真是开心!

接着是迎新娘了,也是最精采的时刻。只见男方那边用被单裹着一个人出来了,女方这边也是裹着一个人出来。大家把被单一掀开,却见两个人既不是新娘,也不是新郎,几个来宾上来把他们赶跑了。这时又出来同样的两个人,一掀开男的是新郎,女的不是新娘。又出来人把女的抬走了。女方又出来一个裹着被单的人,我以为该是新娘了,结果还不是。这时音乐响起,一群女的跳着舞,唱着歌,簇拥着一个裹着被单的人出来,这时新郎掀开一看是新娘,马上背起来就跑,一直跑进新房里边,外面就是开始吃喝跳舞了,我后来没敢多呆,怕他们都请我再喝酒,我已经喝好多了。那天我可是个很有意思的女方代表。⑤

北京市建造师分会成立

2009 年 5 月 7 日,北京市建筑业联合会在北京建工大厦召开建造师分会成立大会,140 余名会员代表出席了会议。会议审议并通过了建造师分会管理办法,选举产生了第一届理事会理事、会长、副会长、秘书长,宣布了分会顾问名单,还举行了揭牌仪式。中国建筑业协会、北京市住房和城乡建设委员会领导到会祝贺并作了重要讲话。新当选的分会会长范魁元代表刚当选的领导成员发言。

北京市建筑业联合会建造师分会的成立,为北京市广大建造师提供了一个良好的学习交流平台。相信北京市建筑业联合会建造师分会成立之后,一定会在政府主管部门的支持下,团结广大会员,积极发挥社会团体的桥梁纽带作用,履行"提供服务,反映诉求,规范行为"的基本职能,为提升建造师整体素质,规范建造师执业行为,促进建造师事业的发展做出应有的贡献!

新当选的建造师分会会长范魁元代表当选的第一届理事会发言,他首先感谢各位代表的信任,并表示要按照《分会管理办法》,以"全心全意服务企业为宗旨,鼎力做好政府和企业之间的桥梁",不辜负市

住房和建设委员会领导的重托和会员的希望,贯彻落实科学发展观,组织交流调研,组织培训和多种服务,不断提高北京市建造师队伍的素质,促进首都建筑业的健康发展。

北京市住房和城乡建设委员会注册中心主任甄兰琼介绍了北京市注册建造师的基本情况,他希望建造师分会按照住房和城乡建设部和市住房和城乡建设委员会的有关规定积极组织活动,团结会员,恪守职业道德,特别是在继续教育组织管理等方面发挥积极作用。市建委将对分会工作和发展给以大力支持,希望分会为规范行业发展做出积极贡献。

最后,北京市建筑业联合会会长王宗礼作了会议总结。他要求新当选的分会领导不要辜负代表的希望,做好服务工作。他指出,要发挥建造师分会的核心作用,通过开展活动,不断扩大会员队伍,搭建好为企业服务、为政府服务的平台。

会议希望建造师们继续发扬建设奥运工程的拼搏精神,以高度的使命感和事业心,为全面提高本市建筑业持续健康发展的综合竞争能力而共同奋斗。

项目计划管理快速入门

及 项目管理软件

MS Project 实战运用(四)

◆ 马睿炫

(阿克工程公司, 北京 100007)

五、资源的管理

一项任务的完成,离不开所需要的资源,尤其是人力资源,投入人力多,任务就完成的快,反之,如果人力短缺,任务就会完成的不好,项目就会拖期。但人力资源是宝贵的,任何单位都不会不计成本地大量投入,因此,始终存在着投入资源与计划进度的平衡问题,我们需要对资源进行有效的管理。而MS Project 就拥有资源管理的强大功能,利用它,我们可以做以下几项工作:

(1)制定人力资源计划,使人力资源平衡地使用。

(2)利用人工时,进行赢得值分析及劳动率数据分析。

(3)建立 S 曲线监测项目进度。

(4)项目的成本控制。

从以上可以看出,资源管理是深化项目计划管理的基础,如果没有资源数据的输入,以上所说的工作是无法开展的。下面我们就开始资源管理的第一步工作,资源数据的输入:

1.资源库的建立。

在资源数据输入之前,我们必须先创建一个资源库,该资源库应包含实施该项目所必须的所有资源,也就是我们通常说的人员、材料、机具三大主项。具体做法如下:

a.在菜单栏选择 View(视图)命令,待子菜单弹出,选择 Resource Sheet(资源清单)子命令,弹出画面如图 5-1。

从图 5-1 中,我们可以看到第一栏是熟悉的 "?",即 Indicator(显示)栏,不需要我们填入什么。第二栏 Resource Name(资源名称),输入第一个资源-木工。第三栏是 Type(类型),点击下拉选项,选择 Work(工时)。第四栏 Material Label(材料标注)为材料专用,第五栏 Initials(字首大写)为名称缩写,第六栏 Group(组)为编组代码,此栏很重要,涉及到资源分类管理,我们可以将人力资源的编码设定为L,机具定为 Q,材料设为 M。第七栏 Max. Unit(最大单位)很重要,它的意思是在本项目中,该资源最大的可用

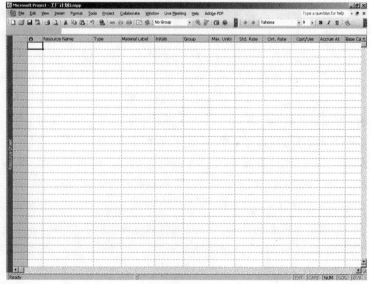

图5-1

数量是多少,在此软件默认设置为百分数,主要针对个人的时间分配。但本项目一个任务往往是多人分配,因此应改为数量单位。具体做法是:

在菜单栏选择 Tool(工具)命令,待子菜单弹出,选择 Options(选项)子命令,弹出 Options(选项)综选框;

选择 Schedule(计划)子页,在下面 Show assignment unit as a(显示分配资源单位为)对应的框中,点击下拉选项,将 Percentage(百分数)改为 Decimal(小数);

点击 OK,重新设置成功。

当设置更改后,第七栏的数字变成默认的1,我们根据实际情况改为10,意思是该项目一共安排了10位木工。在接下来的栏目中,第八栏为 Std. Rate(标准人工费),单位是元/每小时,我们填入数据80。第九栏为 Ovt. Rate(加班人工费),我们填入数据120。第十栏 Cost/Use 下面输入材料时再谈,第十一栏 Accrue At(费用发生的方式)是指费用的发生是按平均分摊的还是一开始就发生费用还是结束时才发生,通俗地说就是一开始就付钱还是干完活后再给钱。在此软件默认设置为平均分摊。第十二栏为 Base Calendar(基本日历),意思是木工使用什么样的日历,比如是一周五天工作制度还是一周六天工作制度,如果是后者,则通过下拉选项改过来即可。第十三栏为 Code(编码)栏,我们可以为木工设定一个特定的编码,也可以不设。

当我们了解完所有的栏目后,依次输入相关人力资源。

对于机具资源的输入,和人力资源相同。

材料资源的输入稍有不同,在第三栏 Type(类型)中,点击下拉选项,选择 Material(材料)。在第四栏Material Label(材料标注)中注明材料的统计单位,比如钢筋使用 t(吨),模板使用 m²(平方米)。第十栏 Cost/Use(费用/使用)的意思是该材料的单位使用费用,直接填入数据即可。详见图5-2。

图5-2仅仅是一个示意图,事实上,一个项目的资源库不会如此简单,人力资源就会有十几

项,如果真的还要进行项目的费用控制,那么光材料就得有成百上千种之多,需要大量的人力进行管理。根据我的经验,很少有人使用 MS Project 进行成本费用控制,资源的管理最多还是集中在人力资源的管理上,通过它的相关功能查看人力资源曲线,判断资源的分配是否合理,是否能够满足项目实施过程中的人力需求,并据此制定出该项目的人力资源计划。

2.资源的输入。

资源的输入应该针对计划任务最低层,也就是工序层。计划越细,资源分配越准确。具体方法如下:

a.将光标移至工厂计划中基础施工下最低层次的工序-垫层上;

b.在菜单栏选择 Tool(工具)命令,待子菜单弹出,选择 Assign Resources(分配资源)子命令,我们也可以在工具栏上直接点击 Assign Resources(分配资源)图标。弹出对话框如图5-3。

c.在对话框中,选择木工项,在它右边的 Unit(单位)栏中,填入你准备分配给该项工序的木工数量-4人。另外再加上两名混凝土工。

d.完成以上人员分配后,我们发现了一个奇怪的现象,当加入两名混凝土工后,该道工序的工期由5天缩短成3.33天,该工序的计划完成时间由9月8日变成了9月6日。在此,我们需要解释一下,软件在分配人力资源时,设定了一个资源驱动的功能。意思

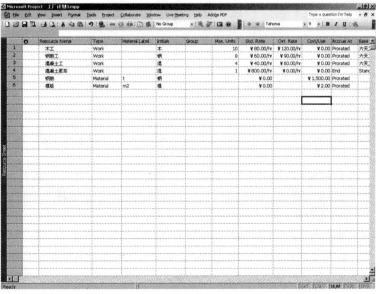

图5-2

是当人力资源增加时，该项任务的计划完成时间自动缩短。从理论上说，这种假设是成立的，但往往在实际过程中，资源的驱动并不是如此直接。而且当我们安排计划时，考虑的只是最可能的计划完成时间，并没有考虑资源的驱动作用。因此我们在此又要做一个重新设置，将此功能解除，具体方法如下：

◆在工具栏上点击Task Information(任务信息)图标，弹出相关对话框；

◆在对话框内，选择Advanced(高级)子项；

◆在 Task Type（任务类型）所对应的选项行中，将Fix Unit（固定单位）改为 Fix Duration（固定工期），并点击右边的 Effort Driven（人力驱动）的选项钩将其去掉。

◆点击 OK。

由于并不是只有一项任务具有人力资源驱动的特性，因此我们必须将所有的工序全部做此修改，重新定义。也就是将所有此类工序全部选中，然后重复以上操作，则以后任意增加人力资源，都不会出现我们输入资源时，计划的工期会变来变去的情况。

e.重新设置之后，接下来我们输入相关材料数据。在材料名称模板所对应的 Unit(单位)栏中，填入数据 100，表示计划使用 100m² 的模板。

f. 当第一道工序完成与之相关的所有资源输入之后，依次将剩下的工序一一完成，直到所有的工序完成资源输入。

g.因为仅是示例，我只对基础施工输入了相关的资源，我们可以通过两种方法直接在主界面上查看：

加入一列新栏目–Resource Name(资源名称)；

对横道的显示内容增加一项资源名称的显示。

具体做法是：在菜单栏选择 Format(格式)命令，待子

图5–3

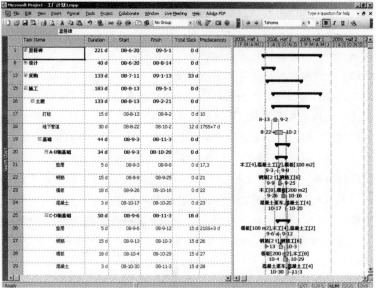

图5–4

菜单弹出，选择 Bar Styles(横道格式)子命令，也可以在右边的横道图任一空白处双击鼠标左键，弹出横道格式对话框，在下面的选项子页上，选择 Text(文本)，再往下，点击 Top(上部)选项条，通过下拉菜单，选择 Resource Names(资源名称)，点击 OK 后，我们会发现在右边横道图中，有些任务所对应的横道的上面列出了该项任务所分配的资源名称，详见图5–4。通过这种方法，我们可以很快捷地看出该项计划是否进行了资源分配，也可以快速浏览该计划资源分配的情况。⑤